安徽省水利工程维修养护定额标准

安徽省水利厅　安徽省财政厅　编

合肥工业大学出版社
HEFEI UNIVERSITY OF TECHNOLOGY PRESS

图书在版编目（CIP）数据

安徽省水利工程维修养护定额标准/安徽省水利厅，安徽省财政厅编. —合肥：合肥工业大学出版社，2016. 9

ISBN 978-7-5650-2944-8

Ⅰ. ①安… Ⅱ. ①安… ②安… Ⅲ. ①水利工程 – 维修—建筑核算定额—标准—安徽②水利工程—保养—建筑核算定额—标准—安徽Ⅳ. ①TV512-65

中国版本图书馆CIP数据核字(2016)第200274号

出　　版	合肥工业大学出版社	责任编辑	孟宪余　刘　露
地　　址	合肥市屯溪路193号	版　　次	2016年9月第1版
邮　　编	230009	印　　次	2016年9月第1次印刷
电　　话	编校中心：0551-62903055	开　　本	710×1010毫米　1/16
	市场营销部：0551-62903198	印　　张	8.25
网　　址	www.hfutpress.com.cn	字　　数	80千字
E-mail	hfutpress @163.com	印　　刷	安徽联众印刷有限公司
		发　　行	全国新华书店

ISBN 978-7-5650-2944-8　　　　　　　　　　定价：30.00元

安徽省 水利厅 财政厅 文件

皖水管〔2016〕65号

关于颁发《安徽省水利工程维修养护定额标准（试行）》的通知

各市、县（市、区）水利（水务）局、财政局，水利厅直属各水管单位：

为保障水利工程安全运行，充分发挥水利工程综合效益，加强水利工程维修养护项目管理和资金管理，科学合理编制水利工程维修养护经费预算，提高资金使用绩效，省水利厅、省财政厅根据有关法律法规、相关政策和技术标准，结合安徽水利工程管理实际，制定了《安徽省水利工程维修养护定额标准（试行）》，现予以颁发，请贯彻执行。

安徽省水利厅 安徽省财政厅

2016年6月29日

安徽省水利工程维修养护定额标准

主持单位　安徽省水利厅

　　　　　　　安徽省财政厅

主编单位　安徽省（水利部淮河水利委员会）水利科学研究院

参编单位　安徽省机电排灌总站

　　　　　　　安徽省淮河河道管理局

　　　　　　　安徽省龙河口水库管理处

　　　　　　　安徽省淠史杭灌区管理总局

　　　　　　　安徽省长江河道管理局

　　　　　　　安徽省响洪甸水库管理处

编　委　会

目　录

1 总　则 ……………………………………………………………… 1

2 维修养护等级划分 …………………………………………………… 3

　　2.1 水闸工程维修养护等级划分 ………………………………… 3

　　2.2 水库工程维修养护等级划分 ………………………………… 4

　　2.3 泵站工程维修养护等级划分 ………………………………… 4

　　2.4 河道堤防工程维修养护等级划分 …………………………… 5

　　2.5 灌区工程维修养护等级划分 ………………………………… 5

3 维修养护项目清单 …………………………………………………… 6

　　3.1 水闸工程维修养护项目清单 ………………………………… 6

　　3.2 水库工程维修养护项目清单 ………………………………… 13

　　3.3 泵站工程维修养护项目清单 ………………………………… 25

　　3.4 河道堤防工程维修养护项目清单 …………………………… 33

　　3.5 灌区工程维修养护项目清单 ………………………………… 40

4 维修养护工作（工程）量 …………………………………………… 50

　　4.1 水闸工程维修养护项目基准工作（工程）量 ……………… 50

　　4.2 水库工程维修养护项目基准工作（工程）量 ……………… 56

　　4.3 泵站工程维修养护项目基准工作（工程）量 ……………… 68

　　4.4 河道堤防工程维修养护项目基准工作（工程）量 ………… 74

　　4.5 灌区工程维修养护项目基准工作（工程）量 ……………… 81

附　录　水利工程维修养护定额基准标准……………………………90

　　附　录 1　水闸工程维修养护定额基准标准 ………………………90

　　附　录 2　水库工程维修养护定额基准标准 ………………………95

　　附　录 3　泵站工程维修养护定额基准标准 ………………………105

　　附　录 4　河道堤防工程维修养护定额基准标准 …………………110

　　附　录 5　灌区工程维修养护定额基准标准 ………………………117

1 总 则

1.1 为保障水利工程安全运行，充分发挥水利工程综合效益，加强水利工程维修养护项目管理和资金管理，科学合理编制水利工程维修养护经费预算，提高资金使用绩效，根据有关法律法规、相关政策和技术标准，结合安徽水利工程管理实际，制定《安徽省水利工程维修养护定额标准（试行）》（以下简称"定额标准"）。

1.2 定额标准所指水利工程包括水闸、水库、泵站、河道堤防和灌区等工程。

1.3 定额标准所指水利工程维修养护，是对已建的水利工程进行养护和维修，维持、恢复或局部改善原有工程面貌，保持工程的设计功能，原有规模和标准不改变、不扩大。

水利工程维修是指对已建水利工程运行、检查中发现工程或设备遭受局部损坏，可以通过简单地修理、较小的工作量，无须通过大修便可恢复工程或设备功能和运行。水利工程养护是指对已建水利工程经常性保养和防护，及时处理局部、表面、轻微的缺陷，以保持工程完好、设备完整清洁、操作灵活。

1.4 定额标准是水利工程维修养护经费预算、申报的依据，也是规范水利工程维修养护项目管理和资金管理的依据。水利工程维修养护经费预算的审核应结合水利工程维修养护实际需要及轻重缓急、财政政策、价格水平等综合因素确定。

1.5 水利工程管理单位编制水利工程维修养护经费流程：工程特性参数解析→确定工程维修养护等级→制定工程维修养护项目工作（工程）量清单→单价分析→分别计算维修养护项目经费和其他费用→形成水利工程管理单位维修养护经费总额。

1.6 定额标准中"安全鉴定""设备等级评定""堤身隐患探测"等项目，根据相关规范要求编列。

1.7 水利工程专用供电线路维修养护项目按能源部门相关标准执行。

1.8 水利工程维修养护所需项目管理费、设计费、招标费用、监理费和工程检测费等独立费用，应根据工程实际和有关规定编列。

1.9 水利工程维修养护经费预算编制时可按预算总费用的3%～5%计列不可预见费。

1.10 对通过国家级水利工程管理单位考核验收和获得省三级以上水利工程管理考核的水利工程管理单位，其维修养护经费预算在原维修养护经费总额的基础上增加5%～15%。

1.11 定额标准附录中水闸、水库、泵站、河道堤防、灌区等各类水利工程维修养护基准定额标准是以维修养护项目基准工作（工程）量，按照2015年第四季度价格水平（不含税）计算所得。基准定额标准为不完全费用，基准定额标准不包括定额标准中明确的按实际发生的费用计列和以资产比例形式体现的维修养护费用，也不包括独立费用和不可预见费。

1.12 定额标准项目清单之外的项目确需增列的项目应另行报批。水利工程管理单位的防汛、安全生产、水行政管理、采砂等日常管理工作经费，水利工程大修、更新改造、除险加固等其他专项经费不在定额标准范围内。

2 维修养护等级划分

2.1 水闸工程维修养护等级划分

水闸工程维修养护等级分为八级，具体划分标准按表2.1执行。

表2.1 水闸工程维修养护等级划分表

维修养护等级		一	二	三	四	五	六	七	八
工程规模	流量 $Q(\text{m}^3/\text{s})$	$Q \geqslant 10000$	$5000 \leqslant Q < 10000$	$3000 \leqslant Q < 5000$	$1000 \leqslant Q < 3000$	$500 \leqslant Q < 1000$	$100 \leqslant Q < 500$	$20 \leqslant Q < 100$	$Q < 20$
	孔口面积 $A(\text{m}^2)$	$A \geqslant 2000$	$1000 \leqslant A < 2000$	$600 \leqslant A < 1000$	$400 \leqslant A < 600$	$200 \leqslant A < 400$	$50 \leqslant A < 200$	$20 \leqslant A < 50$	$A < 20$

注：（1）同时满足流量及孔口面积两个条件，即为该等级水闸。如只具备其中一个条件的，其等级降低一等。

（2）水闸流量按校核过闸流量计算，无校核过闸流量以设计过闸流量为准；孔口面积为孔口宽度与校核水位和水闸底板高程差的乘积。

（3）多座水闸组成的水利枢纽(不计船闸、坝、水电站、河道堤防和泵站)，应按各水闸流量及孔口面积之和确定等级。

（4）水库溢洪道工程、水库输水设施工程、放水设施工程和穿堤闸（涵）工程参照水闸工程维修养护标准进行划分和执行。

2.2 水库工程维修养护等级划分

水库工程维修养护等级分为八级，具体划分标准按表2.2执行。

表2.2 水库工程维修养护等级划分表

维修养护等级			一	二	三	四	五	六	七	八
水库规模	水库总库容 $V(\times 10^8 m^3)$		$V \geq 10$	$1 \leq V < 10$		$0.1 \leq V < 1$		$0.01 \leq V < 0.1$		$V < 0.01$
	水库坝高 $H(m)$	混凝土坝	/	$H > 80$	$H \leq 80$	$H > 60$	$H \leq 60$	$H > 20$	$H \leq 20$	/
		土石坝		$H > 30$	$H \leq 30$	$H > 20$	$H \leq 20$	$H > 10$	$H \leq 10$	/

注：（1）混凝土坝指混凝土重力坝、拱坝等；土石坝指心墙土石坝、均质土坝；混凝土面板堆石坝、浆砌石坝参照混凝土坝执行，混合土坝参照土石坝执行；水库坝高指最大坝高。

（2）大(2)型水库，混凝土坝若坝高 $H > 130m$、土石坝若坝高 $H > 90m$，则相应维修养护等级可提高一级；中型水库，混凝土坝若坝高 $H > 100m$、土石坝若坝高 $H > 70m$，则相应维修养护等级可提高一级。

（3）一座水库枢纽工程由多座坝组成，各独立坝体分别确定维修养护等级。

2.3 泵站工程维修养护等级划分

泵站工程维修养护等级分为八级，具体划分标准按表2.3执行。

表2.3 泵站工程维修养护等级划分表

维修养护等级		一	二	三	四	五	六	七	八
泵站规模	装机功率 $P(kW)$	$P \geq 15000$	$10000 \leq P < 15000$	$5000 \leq P < 10000$	$3000 \leq P < 5000$	$1000 \leq P < 3000$	$500 \leq P < 1000$	$100 \leq P < 500$	$P < 100$
	装机流量 $Q(m^3/s)$	$Q \geq 200$	$100 \leq Q < 200$	$50 \leq Q < 100$	$30 \leq Q < 50$	$10 \leq Q < 30$	$5 \leq Q < 10$	$2 \leq Q < 5$	$Q < 2$

注：（1）装机功率、装机流量指包括备用机组在内的单站指标。

（2）当泵站按分级指标分属两个不同级别时，其维修养护等级按其中高的级别确定。

（3）移动式泵站不划分等级。

2.4　河道堤防工程维修养护等级划分

河道堤防工程维修养护等级分为八级，具体划分标准按表2.4执行。

表2.4　河道堤防工程维修养护等级划分表

维修养护等级		一	二	三	四	五	六	七	八
工程规模	堤防设计标准	1级堤防		2级堤防		3级堤防		4级堤防	5级堤防
	背河堤高 H(m)	$H \geqslant 8$	$H < 8$	$H \geqslant 6$	$H < 6$	$H \geqslant 4$	$H < 4$	/	/

注：（1）堤防设计标准按《堤防工程设计规范》（GB 50286）确定。1级～3级堤防同时满足堤防设计标准和背河堤高两个条件，则确定为相应的维修养护等级。

（2）背河堤高指一个堤防管理段60%长度能够达到的堤高标准。

（3）5级以下堤防参照5级堤防维修养护标准执行。

2.5　灌区工程维修养护等级划分

灌区工程维修养护等级分为八级，具体划分标准按表2.5执行。

表2.5　灌排渠沟工程和灌排建筑物工程维修养护等级划分表

维修养护等级	一	二	三	四	五	六	七	八
设计过水流量 Q（m^3/s）	$Q \geqslant 300$	$100 \leqslant Q < 300$	$50 \leqslant Q < 100$	$20 \leqslant Q < 50$	$10 \leqslant Q < 20$	$5 \leqslant Q < 10$	$3 \leqslant Q < 5$	$Q < 3$

注：（1）灌排渠沟工程设计过水流量以渠首工程设计过水流量计。

（2）灌区中引水工程、蓄水工程和提水工程分别参照水闸工程、水库工程和泵站工程相应的维修养护标准进行划分和执行。

3 维修养护项目清单

3.1 水闸工程维修养护项目清单

水闸工程维修养护项目清单按表3.1执行。

表3.1 水闸工程维修养护项目清单

序号	项目名称	维修养护标准要求	维修养护内容及方式
一	**水工建筑物维修养护**		
1	土工建筑物维修养护	1．翼墙后填土区无跌塘及下陷现象； 2．分水堤（岛）及建筑物两侧堤（坝）无雨淋沟、浪窝、裂缝及滑坡现象	1．及时对墙后沉陷区域进行补土修整并夯实； 2．及时对雨淋沟及浪窝进行补土修复； 3．产生明显裂缝和滑坡现象时，采取人工和机械开挖回填处理
2	石工建筑物维修养护		
2.1	砌石砌块护坡、翼墙工程维修养护	1．表面无杂物、杂草，整洁美观； 2．护坡勾缝无脱落，护坡无破损、松动、塌陷、隆起、底部掏空、垫层散失等现象； 3．墙体勾缝无脱落，墙身无倾斜、滑动、渗漏现象，墙基无冒水、冒沙现象	1．定期对护坡、翼墙上杂草进行人工清除； 2．浆砌块石护坡勾缝局部脱落，重新进行砂浆勾补，表面破损重新进行砂浆抹面；出现沉陷、底部掏空和垫层散失现象进行局部拆除翻修并按原状修复； 3．墙体勾缝局部脱落，重新进行砂浆勾补，局部表面破损重新进行砂浆抹面，墙身渗漏严重的，可采用灌浆处理，发生倾斜或滑动迹象时，可采用墙后减载或墙前加撑等方法处理；墙基出现冒水冒沙现象，可采用墙后降低地下水位和墙前增设反滤设施等方法处理

（续表）

序号	项目名称	维修养护标准要求	维修养护内容及方式
2.2	防冲设施抛石处理	防冲设施（防冲槽、海漫）无严重冲刷破坏现象	根据河床变形观测成果，对损坏严重部位采取水上抛石或抛石笼的方式进行修复
2.3	反滤排水设施维修养护	反滤设施、减压井、导渗沟、排水设施结构完好，保持畅通，满足使用功能	1. 定期人工清理疏通淤堵反滤排水设施； 2. 发生损毁现象按原标准要求及时修复
3	混凝土建筑物维修养护		
3.1	混凝土结构表面裂缝、破损、侵蚀及碳化处理	混凝土结构表面无明显裂缝、破损、侵蚀及严重碳化现象	1. 混凝土细微表面裂缝可采取涂料封闭进行修补； 2. 混凝土结构脱壳、剥落和机械损坏时可采用表面抹补、喷浆等措施进行修补； 3. 保护层侵蚀或碳化时可采用涂料封闭、抹面或喷浆等措施进行处理
3.2	伸缩缝维修养护	伸缩缝无破损、填料流失现象	及时对填充料缺失部位进行填补，对损坏部位进行局部拆除修复
4	启闭机房维修养护	1. 启闭机房干净整洁，各类工具、材料、物品摆放有序； 2. 及时维修启闭机房屋顶、墙面和门窗出现的破损现象；保持屋面、墙面无渗水，脱落现象；门窗完好、封闭可靠； 3. 室内管线及照明设施完好	1. 每周对房屋进行保洁和整理； 2. 修缮房屋损坏墙、地、门、窗； 3. 及时检修、更换无法正常使用的水电管线路和照明设施
二	闸门维修养护		
1	闸门防腐处理	1. 闸门表面无附着水生物、泥沙、污垢、杂物，保持干净整洁； 2. 闸门表面无剥落、鼓泡、龟裂、明显粉化等老化现象，局部无锈斑、针状锈迹现象	1. 定期清除闸门表面附着泥污和杂物； 2. 定期对表面涂膜进行检查，及时补涂涂料； 3. 钢门体的隐蔽和易锈部位（边柱、底梁等）每5年进行一次涂料封闭，锈蚀严重部位全部重作新的金属涂层并进行涂料封闭

（续表）

序号	项目名称	维修养护标准要求	维修养护内容及方式
2	闸门止水更换	1. 每年汛前汛后对止水装置进行检查，封闭可靠； 2. 封闭状态无翻滚、冒流和散射现象； 3. 止水片无变形、老化、严重锈蚀、损毁现象	1. 对渗水量过大的部位进行更换； 2. 对止水片出现磨损变形，老化失去弹性部位进行更换
3	闸门承载及支撑行走装置维修养护	1. 闸门转动部位加油设施完好、畅通； 2. 闸门承重梁系、支臂、吊耳等构件无锈蚀、变形、焊缝开裂及损坏现象；闸门支撑行走系统主、侧轮，滑块，铰链铰座、门槽无严重锈蚀、磨损现象，活动灵活；各固定零部件无变形、松动、损坏现象，连接牢固	1. 定期对转动部位进行润滑和加油； 2. 定期对闸门门体固定、承载构件和支撑行走装置构件进行检查并及时矫形、补强或更换相应损坏部件
三	**启闭机维修养护**		
1	启闭机整体维修养护	1. 机体表面干净整洁，无起皮，锈蚀现象； 2. 传动部位润滑良好、转动灵活，制动可靠；无明显变形、严重磨损现象；各连接件紧固件牢固，无松动现象	1. 定期对机体进行保洁，每5年进行1次涂漆保护； 2. 定期对传动装置加油设施进行清洗，并及时注油；定期进行润滑，紧固各松动零件，并更换变形、磨损零部件； 3. 螺杆启闭机的螺杆有齿部位清洗、涂油每年不少于2次； 4. 液压启闭机调控装置及仪表每年检验1次；液压油每年化验、过滤1次
2	钢丝绳维修养护	1. 钢丝绳室内部位表面润滑、光洁无泥垢； 2. 无扭结、松股、脱槽现象	1. 每月1次清洁保养，涂刷防水油脂，室外部位定期清洁保养； 2. 及时处理扭结、松股、脱槽现象
3	配件更换	保证设备正常运行	及时更换断丝超标钢丝绳及各部位损坏、变形、磨损严重的配件、零件
四	**机电设备维修养护**		

序号	项目名称	维修养护标准要求	维修养护内容及方式
1	电动机维修养护	1. 电动机保持清洁，无污垢和锈蚀，运行中无异常噪声和震动，运行电流在额定范围内，温升符合要求； 2. 定、转子间隙均匀，绕组绑线牢固，定子铁芯无松动，转子转动灵活；轴承润滑良好，无较大松动、磨损现象；接线可靠，连接件牢固；绝缘及接地电阻满足要求； 3. 电气试验结果符合国家现行相关标准的规定	1. 定期检查电动机技术状况，进行清洁保养； 2. 定期检查调整不符合要求部件，更换损坏老化部件； 3. 按规定要求进行电气试验
2	操作设备维修养护	1. 各设备柜体保持干净整洁，防水、防潮良好； 2. 各柜箱内电气线路无破损、老化、缠绕等异常现象，绝缘电阻和接地电阻符合要求； 3. 各类开关、闸门开度仪、主令控制器、继电保护装置触点接触良好，接头连接牢固可靠，工作灵敏，满足精度要求； 4. 各种指示信号完好无缺，各种仪表指针指示正确	1. 每月对各柜体进行清扫； 2. 定期对相应设备进行检查、养护和校验，紧固松动接头和连接件； 3. 及时更换不灵敏、损坏元器件
3	变、配电设备维修养护	1. 变压器和各设备柜体保持干净清洁，防潮良好； 2. 变压器油位、油质符合要求，无漏油、渗油现象，线圈绝缘电阻满足要求，连接件无松动现象，各保护器件运行良好； 3. 各柜箱内电气线路无破损、老化、缠绕等异常现象，绝缘电阻和接地电阻符合要求；各类开关、控制器、继电保护装置触点接触良好，接头连接牢固可靠，工作灵敏	1. 每月定期对变压器及各柜体进行清扫； 2. 定期对相应设备进行检查、养护和校验，紧固松动接头和连接件； 3. 及时更换不灵敏、损坏元器件； 4. 及时对变压器线圈绝缘电阻进行校测，对高压电气设备进行预防性试验
4	输电系统维修养护	1. 高压线路及电缆敷设通过地方标志完好，架空线路下无树障，保证线路畅通； 2. 无短路、断路、漏电、连接松动、过载和线路老化现象； 3. 电缆沟及电缆槽完好，无积水和杂物	1. 定期对架设线路部位进行检查，设立标志，清除障碍； 2. 定期检查短路、漏电现象、紧固松动接头，更换破损、老化线路； 3. 及时修复损坏电缆沟、电缆槽

（续表）

序号	项目名称	维修养护标准要求	维修养护内容及方式
5	自备发电机组维修养护	1. 保持机组清洁，保持油、气、水、电路通畅，不漏油、不渗油； 2. 空载试机电压、周波、相序和输出功率满足要求	1. 定期对机组进行清扫； 2. 每2个月进行1次检查、试运行，排除故障
6	避雷设施维修养护	1. 避雷针（线、带）及引下线应无断裂、锈蚀，焊接牢固； 2. 防雷设施构架上无线路架设、接地电阻符合要求	每年对防雷与接地装置进行检测，更换失效部件
7	配件更换	保证设备正常运行	及时更换各设备损坏、磨损严重、不符合要求的配件零件
五	**自动控制、监视、监测系统维修养护**		
1	计算机自动控制系统维修养护	1. 加强对计算机网络安全管理，定时杀毒，及时对软件系统进行升级维护；按时对运行数据库进行备份，及时对修改或重置设置软件进行备份； 2. 计算机硬件设备完好	1. 系统维护与升级每半年进行1次； 2. 及时更换损坏硬件设备
2	视频监视系统维修养护	1. 摄像头、云台、刮雨器等转动部位保持清洁，运转良好，动作灵活，画面清晰； 2. 监视系统软件升级维护完善	1. 定期对设备进行清洁和检查，及时排除故障，修复损坏设备及线路； 2. 定期对系统进行更新和升级
3	安全监测系统维修养护	定期对工程位移、扬压力、裂缝、伸缩缝、渗流、水位、流量等观测、监测设施进行检查、校核和修复	1. 水准基点高程每5年校测1次，起测基点高程每年校测1次；测压管管口高程每年校核1次，测压管灵敏度每5年校核和率定一次；水尺零点每年校测1次； 2. 及时检查并更换不灵敏及损坏部件；定期对水位计、水尺检查清洗
4	备品备件	满足各系统设备维护使用	定期对各类易损部件进行储备，补充零部件及材料，满足及时更换要求

（续表）

序号	项目名称	维修养护标准要求	维修养护内容及方式
六	**附属设施及管理区维修养护**		
1	房屋维修养护	1. 房屋干净整洁，各类工具、材料、物品摆放有序； 2. 及时维修房屋顶、墙面和门窗出现的破损现象；保持屋面、墙面无渗水，脱落现象；门窗完好、封闭可靠； 3. 室内管线及照明设施完好	1. 每周对房屋进行保洁和整理； 2. 修缮房屋损坏墙、地、门、窗； 3. 及时检修、更换无法正常使用的水电管线路和照明设施
2	交通桥维修养护	1. 桥两侧连接段衔接平顺，无塌陷、坑洼现象； 2. 桥面无破损，坑洼等现象，排水通畅； 3. 护栏与路缘石完好、整齐、美观	1. 对塌陷、流失部位进行机械或人工开挖清理，补土、填平、夯实并修复路面； 2. 沥青路面和混凝土路面根据破损形式和程度按标准要求采用适宜方式进行修复，定期疏通淤塞排水沟； 3. 定期对护栏涂漆出新，修整或更换损坏路缘石
3	管理区维护	1. 定期对水闸及办公管理区进行保洁，清除园区内垃圾、废弃物； 2. 合理种植、补植、更新草坪、花卉和树木并及时施肥、除草、防止病虫害，定期修剪，控制高度和整齐度； 3. 园区内交通及工作道路完好，排水沟畅通； 4. 园区夜间照明设施完好	1. 每周对管理区环境卫生进行全面整理，重点部位每天进行保洁； 2. 定期对园区绿化工程进行养护； 3. 及时按标准修复损坏道路，疏通修复排水沟； 4. 及时维修和更换损坏照明设施
4	围墙护栏维修养护	围墙护栏完好、美观	修补破损围墙及护栏，进行涂漆防锈美观工作
5	标识、标牌维修养护	1. 工程设施标牌、标志、标识完好、醒目、美观； 2. 安全警示标志、限速、限载标志完好	1. 对各类标识、标牌进行清洁并除锈出新； 2. 对丢失及缺少部位进行补充

（续表）

序号	项目名称	维修养护标准要求	维修养护内容及方式
6	材料及工器具消耗	油漆涂料、管路线路、灯具玻璃、门锁扣件等零星材料及进行维修养护工作器材设备消耗	每年定期购置补充
七	物料动力消耗	电力、柴油、机油、黄油等消耗	
八	白蚁防治		
1	白蚁预防	定期对建筑物基础及周边区域进行检查并进行屏障	1. 日常检查由管理单位人员结合工程日常管养维护工作进行，重点检查历史有蚁部位； 2. 定期普查由白蚁防治专业技术人员在春秋两季进行全面的检查，并及时采用药物屏障和物理屏障与非工程措施相结合进行防护
2	白蚁治理	对已发现的白蚁危害进行治理工作	根据普查结果，判断蚁患危害程度，采用破巢除蚁法、诱杀毒杀法、灌浆法等方式进行灭蚁工作
3	材料及工器具消耗	进行白蚁预防过程中产生的材料、物品、药物以及工作器材设备消耗	每年定期购置补充
九	闸室清淤	闸室无严重淤积，不影响水闸过流和闸门正常运行	采用水力冲挖和开闸冲淤的方式进行清理
十	水面杂物及水生生物清理	闸前无杂物、水草堆积现象，无侵蚀建筑物和设备现象，不影响工程正常运行	适时采用人工和机械进行清理
十一	小型水损修复	汛后检查，对损坏部分恢复原状	采取相应的措施，及时修复
十二	河道形态与河床演变观测	按相关规定要求对水闸范围内河床的冲刷、淤积变化进行观测	1. 冲刷、淤积变化较小时，每年汛后观测1次； 2. 上下游河道冲刷或淤积较严重时，每年汛前、汛后各观测1次； 3. 当泄放大流量或超标准运用、冲刷尚未处理而运用较多，增加测次
十三	设备等级评定	按相关规定要求对相应设备进行等级评定	新建水闸3年后对闸门、启闭机进行等级评定，以后每3年进行一次

（续表）

序号	项目名称	维修养护标准要求	维修养护内容及方式
十四	安全鉴定	按相关规定要求对工程整体或单项工程进行安全鉴定	1. 水闸竣工验收后5年内进行第一次安全鉴定，以后每隔10年进行一次安全鉴定； 2. 运行中遭遇超标准洪水、强烈地震、工程重大事故，经检查发现影响安全的异常现象，及时进行安全鉴定； 3. 闸门等单项工程达折旧年限，适时进行单项安全鉴定
十五	安全管护	1. 定期对工程运行及工程保护进行安全宣传； 2. 定期对管理范围内进行巡查，无影响工程安全运行的行为； 3. 落实反恐、防火、防盗、防爆、防暑、防冻等措施	日常巡查和专项治理相结合
十六	技术档案整编	1. 档案设施齐全、清洁、完好； 2. 维修养护技术档案完整、准确、系统； 3. 维修养护技术档案分类清楚、组卷合理、标题简明、装订整齐、存放有序	按月对维修养护记录进行整理汇总，年终分析审核归档，每年进行1次整编

3.2　水库工程维修养护项目清单

水库工程分为混凝土坝和土石坝，维修养护项目清单分别按表3.2和表3.3执行。

表3.2　水库工程（混凝土坝）维修养护项目清单

序号	项目名称	维修养护标准要求	维修养护内容及方式
一	大坝主体工程维修养护		

（续表）

序号	项目名称	维修养护标准要求	维修养护内容及方式
1	坝体、坝肩及坝基维修养护		
1.1	混凝土结构表面裂缝、破损、侵蚀及碳化处理	混凝土结构表面无明显缺陷、裂缝、剥蚀、侵蚀及严重碳化现象	1. 混凝土表面轻微裂缝可采取封闭处理等措施； 2. 混凝土表面剥蚀、磨损、冲刷、风化等缺陷可采用水泥砂浆、细石混凝土或环氧类材料等进行修补； 3. 混凝土碳化与侵蚀可采用涂料涂层全面封闭防护进行处理
1.2	坝肩及坝基维修养护	1. 围岩及边坡表面无裂缝、坍塌、鼓起、松动和滑坡等现象，边坡支挡与支护结构完好； 2. 坝体和坝基无严重渗漏及绕坝渗流等现象	1. 根据坝肩围岩及边坡支护损坏情况及时采取灌浆或喷浆加固的方式进行处理； 2. 根据渗漏发生部位和渗漏现象，可采取直接堵塞、导渗堵漏法、灌浆堵漏法或加强防渗体等方式进行处理
1.3	坝体表面保护层维修养护	预防剥蚀、磨损、空蚀、冻融、碳化的物料覆盖层及涂料保护层无严重破损和缺失	采用相同材料对表面保护层进行修复
1.4	坝顶路面维修养护	1. 路面边线明显、顺直； 2. 水泥混凝土路面无裂缝、脱空、坑洞等现象，填缝料无脱落缺失现象； 3. 沥青路面无裂缝、坑槽、拥包、车辙、波浪、泛油、脱皮、啃边等现象； 4. 人行步道地砖、砌块无破损、起伏、缺失现象； 5. 排水顺畅，雨后无积水	1. 沥青道路根据破损形式和程度采用热材料或冷材料先修补基层，再修复面层，必要时需铺筑上封层或进行路面补强； 2. 混凝土路面采用直接灌浆或扩缝补块方法对路面裂缝和破损进行修补，路面脱空和坑洞采用灌浆法进行修复，接缝修复清理嵌入杂物，采用适宜材料灌缝填补； 3. 人行步道采用统一形状和材质材料对损坏部位进行修复； 4. 及时疏通淤塞排水沟

（续表）

序号	项目名称	维修养护标准要求	维修养护内容及方式
1.5	防浪墙维修养护	1. 防浪墙的高程满足设计要求； 2. 无破损、残缺、断裂现象，保证墙体的完好性和连续性	1. 及时对墙体表面脱落和缺失涂层进行粉刷和修复，保持美观； 2. 根据损坏情况，采取表面处理和翻修相结合的方式，按原状修复
1.6	伸缩缝、止水及排水设施维修养护	1. 伸缩缝无破损、填料流失现象； 2. 坝体、防浪墙、廊道等部位止水材料完好，无渗漏或渗漏量符合要求； 3. 排水设施完整、通畅	1. 及时对伸缩缝填充料老化脱落、缺失部位进行更换和充填； 2. 对止水损坏部位进行凿除重新更换止水材料； 3. 定期疏通排水设施，清除淤积物
2	大坝安全监测、监视设施维修养护	1. 位移、渗流、应力应变及温度、环境量监测等设施设备完好，精度准确； 2. 观测道路完好通畅	1. 定期对各监测设施设备进行检查、清洗、校核和率定，并更换不灵敏及损坏部件； 2. 有防潮湿和防锈蚀要求的设施设备定期采取除湿措施和防腐处理； 3. 及时修复损毁观测道路
3	库区抢险应急设备维修养护	应急设备完善，保证正常工作状态，满足抢险使用功能	定期检查、清洁、保养应急设备
二	**溢洪道工程维修养护**	参照水闸工程维修养护定额标准执行	参照水闸工程维修养护定额标准执行
三	**输、放水设施维修养护**	参照水闸工程维修养护定额标准执行	参照水闸工程维修养护定额标准执行
四	**坝下消能防冲工程维修养护及河道清淤**		
1	消能防冲工程及护坦、护岸、护坡工程维修养护	1. 消能防冲工程满足使用功能，无严重剥蚀和损坏现象； 2. 护坦、护岸及护坡工程整体性完好，无毁坏、破损、缺失现象	1. 采用填充法对侵蚀或破损消能防冲工程进行修复； 2. 根据损坏情况，采取表面处理和翻修相结合的方式，对护坦、护岸及护坡工程按原状修复

（续表）

序号	项目名称	维修养护标准要求	维修养护内容及方式
2	下游河道清淤	河道过水断面满足要求，无淤堵现象	对淤塞严重部位进行冲沙或清淤处理
五	水文及水情测报设施维修养护	水文测站整体工作运行良好，水文仪器及记录、控制系统保持完好	1. 定期对站房进行检修，修缮损坏墙、地、门、窗，更换无法正常使用的管线路和照明设施； 2. 定期对各监测设备检查、清洗、校核和率定，并更换不灵敏及损坏部件，及时对系统进行维护升级； 3. 有防潮湿和防锈蚀要求的设施设备定期采取除湿措施和防腐处理
六	附属设施及管理区维修养护		
1	房屋维修养护	1. 管理房干净整洁，各类工具、材料、物品摆放有序； 2. 及时维修管理房屋顶、墙面和门窗出现的破损现象；保持屋面、墙面无渗水、脱落现象；门窗完好、封闭可靠； 3. 室内管线路照明设施完好	1. 每周对房屋进行保洁和整理； 2. 修缮房屋损坏墙、地、门、窗； 3. 及时检修、更换无法正常使用的水电管线路和照明设施
2	管理区维护	1. 定期对坝区及管理区范围内的垃圾、废弃物及上游坝前浪渣进行清理； 2. 合理种植、补植、更新草坪、花卉和树木并及时施肥、除草、防止病虫害，定期修剪，控制高度和整齐度； 3. 坝区及管理区内交通及工作道路完好，排水沟畅通； 4. 坝区及管理区夜间照明设施完好	1. 每周对坝区及管理区环境卫生进行全面整理；重点部位每天进行保洁； 2. 定期对坝区及管理区绿化工程进行养护； 3. 及时按标准修复损坏道路，疏通修复排水沟； 4. 及时维修和更换损坏照明设施
3	围墙、护栏、爬梯、扶手维修养护	坝肩及挡墙、管理区围墙及护栏、爬梯、扶手完好、美观	1. 定期进行涂漆防锈美观工作； 2. 及时修复破损围、挡墙及护栏、爬梯和扶手

（续表）

序号	项目名称	维修养护标准要求	维修养护内容及方式
4	库区生产供电线路维修养护	1. 专用供电电缆敷设通过地方保护完好，无障碍；支架牢固、无锈蚀，电缆标示清楚，沟道内无积水； 2. 母线及瓷瓶清洁完整、无裂纹、无放电痕迹； 3. 电缆头、接地线牢固，无断股、脱落现象，引线连接处无过热、熔化现象	1. 定期对架设线路部位进行检查，设立标志，清除障碍，清理并修复损坏电缆沟、电缆槽； 2. 定期对母线及瓷瓶进行清扫，检查短路、漏电现象，紧固松动接头，更换破损、老化线路； 3. 电缆及母线检修、试验频次按有关规定执行
5	材料及工器具消耗	油漆涂料、管路线路、灯具玻璃、门锁扣件等零星材料及进行维修养护工作器材设备消耗	每年定期购置补充
6	标识、标牌维修养护	1. 工程设施标牌、标志、标识完好、醒目、美观； 2. 安全警示标志，限速、限载标志完好	1. 对各类标识、标牌进行清洁并除锈出新； 2. 对丢失及缺少部位进行补充
7	管理信息系统维修养护	1. 计算机硬件、软件、网络通信设备及其他办公设备齐备，功能完善； 2. 信息收集、处理准确，存储安全	定期对相应设备进行维护，并及时更新相关系统
8	管理区动力消耗	保证工程正常运行的安全设备、照明设施电力消耗	
七	安全鉴定	根据有关规定进行水库大坝安全鉴定	首次安全鉴定在竣工验收后5年内进行，以后应每隔10年进行一次
八	小型水损修复	汛后检查，对损坏部分恢复原状	采取相应的措施，及时修复
九	白蚁防治		

（续表）

序号	项目名称	维修养护标准要求	维修养护内容及方式
1	白蚁预防	定期对建筑物基础及周边区域进行检查并进行屏障	1. 日常检查由管理单位人员结合工程日常管养维护工作进行，重点检查历史有蚁部位； 2. 定期普查由白蚁防治专业技术人员在春秋两季进行全面的检查，并及时采用药物屏障和物理屏障与非工程措施相结合进行防护
2	白蚁治理	对已发现的白蚁危害进行治理工作	根据普查结果，判断蚁患危害程度，采用破巢除蚁法、诱杀毒杀法、灌浆法等方式进行灭蚁工作
3	材料及工器具消耗	进行白蚁预防过程中产生的材料、物品、药物以及工作器材设备消耗	每年定期购置补充
十	**安全管护**		
1	森林防火防虫	1. 对管理范围内森林火灾危险地段设立防火隔离带，定期组织人员进行巡护； 2. 定期对防火设施设备进行检查、维护和更换； 3. 定期对森林虫害进行检查并适时采取预防措施，及时清除严重虫害	日常巡查和专项治理相结合
2	工程保护	1. 定期对工程运行及工程保护进行安全宣传； 2. 定期对管理范围内进行巡查，无影响工程安全运行的行为； 3. 落实反恐、防火、防盗、防爆、防暑、防冻等措施	日常巡查和专项治理相结合

序号	项目名称	维修养护标准要求	维修养护内容及方式
十一	**技术档案整编**	1. 档案设施齐全、清洁、完好； 2. 维修养护技术档案完整、准确、系统； 3. 维修养护技术档案分类清楚、组卷合理、标题简明、装订整齐、存放有序	按月对维修养护记录进行整理汇总，年终分析审核归档，每年进行一次整编

表3.3　水库工程（土石坝）维修养护项目清单

序号	项目名称	维修养护标准要求	维修养护内容及方式
一	**大坝主体工程维修养护**		
1	坝顶维修养护		
1.1	坝顶土方养护修整	1. 坝顶满足设计高程及宽度要求，并保持一定排水坡度； 2. 坝顶平整坚实，无明显坑洼、凹陷、起伏、裂缝、裂隙等缺陷	对受损坝顶，采用机械或人工方式进行土方开挖、清基、刨毛、补土、整平、压实，按原标准恢复
1.2	坝顶道路维修养护	1. 路面边线明显、顺直； 2. 沥青路面无裂缝、坑槽、拥包、沉陷、泛油、脱皮、啃边等现象； 3. 水泥混凝土路面无裂缝、脱空、坑洞等现象，填缝料无脱落缺失现象； 4. 砂石路面平整坚实，无波浪、坑槽、车辙等现象； 5. 排水顺畅，雨后无明显积水	1. 沥青道路根据破损形式和程度采用热材料或冷材料先修补基层，再修复面层，必要时需铺筑上封层或进行路面补强； 2. 混凝土路面采用直接灌浆或扩缝补块方法对路面裂缝和破损进行修补，路面脱空和坑洞采用灌浆法进行修复，接缝修复清理嵌入杂物，采用适宜材料灌缝填补； 3. 砂石路面对保护层进行铺砂、扫砂、匀砂养护，对磨耗层破损、坑槽、车辙、破浪等病害进行修复； 4. 及时疏通淤塞排水沟
2	坝坡维修养护		

（续表）

序号	项目名称	维修养护标准要求	维修养护内容及方式
2.1	坝坡土方养护修整	1. 坡面饱满、平整，满足设计坡比要求； 2. 无滑坡、雨淋沟、陡坎、洞穴、陷坑等现象	采用机械或人工对局部缺损、滑坡和雨淋沟现象进行修复，分层回填夯实并整平，所用土料宜与原筑坝土料一致，防渗性能满足要求
2.2	坝坡护坡维修养护		
2.2.1	硬护坡维修养护	1. 表面干净整洁，无杂草、杂物； 2. 坡面平顺，砌块完好，砌缝紧密，无松动、塌陷、破损、架空现象	1. 定期人工对护坡表面杂草进行清除； 2. 干砌石护坡：及时填补、楔紧个别脱落或松动石料，及时更换风化或损毁块石并嵌砌紧密，块石塌陷、垫层被淘刷时应先翻出石料，恢复坝体和垫层后，再将块石嵌砌紧密； 3. 混凝土和浆砌块石或预制块护坡：及时填补伸缩缝内流失填料，局部发生剥落、裂缝或破碎时，及时采用水泥砂浆表面抹补、喷浆或填塞处理，破碎面较大，且垫层被淘刷，砌体有架空现象时应拆除面层，修复土体和垫层并恢复坡面，定期疏通、修复淤塞和损坏排水孔
2.2.2	草皮护坡养护	保持草皮整齐、平顺、美观	1. 及时采用人工或化学方法清除高杆、阔叶类杂草； 2. 适时进行修剪，保持美观； 3. 根据需要适时进行浇水、施肥和防虫
2.2.3	草皮护坡补植	保持护坡完整，满足覆盖率要求	及时选择适宜品种对枯死、损毁或冲刷流失部位草皮进行补植
3	防浪（洪）墙维修养护		

序号	项目名称	维修养护标准要求	维修养护内容及方式
3.1	墙体维修养护	1. 防洪墙、防浪墙的高程满足设计要求； 2. 无破损、残缺、断裂现象，保证墙体的完好性和连续性	1. 及时对墙体表面脱落和缺失涂层进行粉刷和修复，保持美观； 2. 根据损坏情况，采取表面处理和翻修相结合的方式，按原状修复
3.2	伸缩缝维修养护	伸缩缝无破损、填料流失现象	及时对填充料缺失部位进行填补，对损坏部位进行局部拆除修复
4	减压及排（渗）水工程维修养护		
4.1	减压及排渗工程维修养护	1. 防渗设施保持完好无损； 2. 保持减压井使用功能良好； 3. 测压管运行正常，无堵塞、锈蚀、破损现象	1. 对损坏防渗、反滤体或保护层采用相同材料修复，并恢复原结构； 2. 对排渗功能不满足要求的减压井进行"洗井"处理； 3. 修复更换无法正常使用的测压管
4.2	排水沟维修养护	排水体系完好并确保畅通	1. 定期清理、疏通排水设施； 2. 对破损的排水沟进行修复
5	大坝安全监测、监视设施维修养护	1. 位移、渗流、应力应变及温度、环境量监测等设施完好，精度准确； 2. 观测道路完好通畅	1. 定期对各监测设施设备进行检查、清洗、校核和率定，并更换不灵敏及损坏部件； 2. 有防潮湿和防锈蚀要求的设施设备定期采取除湿措施和防腐处理； 3. 及时修复损毁观测道路
6	库区抢险应急设备维修养护	应急设备完善，保证正常工作状态，满足抢险使用功能	定期检查、清洁、保养应急设备
二	**溢洪道工程维修养护**	参照水闸工程维修养护定额标准执行	参照水闸工程维修养护定额标准执行
三	**输、放水设施维修养护**	参照水闸工程维修养护定额标准执行	参照水闸工程维修养护定额标准执行

（续表）

序号	项目名称	维修养护标准要求	维修养护内容及方式
四	水文及水情测报设施维修养护	水文测站整体工作运行良好，水文仪器及记录、控制系统保持完好	1. 定期对站房进行检修，修缮损坏墙、地、门、窗，更换无法正常使用的管线路和照明设施； 2. 定期对各监测设备检查、清洗、校核和率定，并更换不灵敏及损坏部件，及时对系统进行维护升级； 3. 有防潮湿和防锈蚀要求的设施设备定期采取除湿措施和防腐处理
五	附属设施及管理区维修养护		
1	房屋维修养护	1. 管理房干净整洁，各类工具、材料、物品摆放有序； 2. 及时维修管理房屋顶、墙面和门窗出现的破损现象；保持屋面、墙面无渗水，脱落现象；门窗完好、封闭可靠； 3. 房屋内水电管线路及照明设施完好	1. 每周对房屋进行保洁和整理； 2. 修缮房屋损坏墙、地、门、窗； 3. 及时检修、更换无法正常使用的水电管线路和照明设施
2	管理区维护	1. 定期对坝区及管理区范围内的垃圾、废弃物及上游坝前浪渣进行清理； 2. 合理种植、补植、更新草坪、花卉和树木并及时施肥、除草、防止病虫害，定期修剪，控制高度和整齐度； 3. 坝区及管理区内交通及工作道路完好，排水沟畅通； 4. 坝区及管理区夜间照明设施完好	1. 每周对坝区及管理区环境卫生进行全面整理；重点部位每天进行保洁； 2. 定期对坝区及管理区绿化工程进行养护； 3. 及时按标准修复损坏道路，疏通修复排水沟； 4. 及时维修和更换损坏照明设施
3	围墙、护栏、扶手维修养护	坝肩区挡墙、管理区围墙、护栏、扶手完好，美观	1. 定期进行涂漆防锈美观工作； 2. 及时修复破损围、挡墙及护栏和扶手

（续表）

序号	项目名称	维修养护标准要求	维修养护内容及方式
4	库区生产供电线路维修养护	1. 专用供电电缆敷设通过地方保护完好，无障碍；支架牢固、无锈蚀，电缆标示清楚，沟道内无积水； 2. 母线及瓷瓶清洁完整、无裂纹、无放电痕迹； 3、电缆头、接地线牢固，无断股、脱落现象，引线连接处无过热、熔化现象	1. 定期对架设线路部位进行检查，设立标志，清除障碍，清理并修复损坏电缆沟、电缆槽； 2. 定期对母线及瓷瓶进行清扫，检查短路、漏电现象，紧固松动接头，更换破损、老化线路； 3. 电缆及母线检修、试验频次按有关规定执行
5	材料及工器具消耗	油漆涂料、管路线路、灯具玻璃、门锁扣件等零星材料及进行维修养护工作器材设备消耗	每年定期购置补充
6	标识牌、碑桩维修养护	1. 工程设施及安全警示标牌、标志、标识完好、醒目、美观； 2. 界碑、界桩完好、醒目	1. 对各类标识、标牌进行清洁并除锈出新； 2. 对丢失及缺少部位进行补充
7	管理信息系统维修养护	1. 计算机硬件、软件、网络通信设备及其他办公设备齐备，功能完善； 2. 信息收集、处理准确，存储安全	定期对相应设备进行维护，并及时更新相关系统
8	管理区动力消耗	保证工程正常运行的安全设备、照明设施电力消耗	
六	**安全鉴定**	根据有关规定进行水库大坝安全鉴定	首次安全鉴定在竣工验收后5年内进行，以后应每隔10年进行一次
七	**小型水损修复**	汛后检查，对损坏部分恢复原状	采取相应的措施，及时修复
八	**白蚁防治**		

（续表）

序号	项目名称	维修养护标准要求	维修养护内容及方式
1	白蚁预防	定期对建筑物基础及周边区域进行检查并进行屏障	1. 日常检查由管理单位人员结合工程日常管养维护工作进行，重点检查历史有蚁部位； 2. 定期普查由白蚁防治专业技术人员在春秋两季进行全面的检查，并及时采用药物屏障和物理屏障与非工程措施相结合进行防护
2	白蚁治理	对已发现的白蚁危害进行治理工作	根据普查结果，判断蚁患危害程度，采用破巢除蚁法、诱杀毒杀法、灌浆法等方式进行灭蚁工作
3	材料及工器具消耗	进行白蚁预防过程中产生的材料、物品、药物以及工作器材设备消耗	每年定期购置补充
九	**安全管护**		
1	森林防火防虫	1. 对管理范围内森林火灾危险地段设立防火隔离带，定期组织人员进行巡护； 2. 定期对防火设施设备进行检查、维护和更换； 3. 定期对森林虫害进行检查并适时采取预防措施，及时清除严重虫害	日常巡查和专项治理相结合
2	工程保护	1. 定期对工程运行及工程保护进行安全宣传； 2. 定期对管理范围内进行巡查，无影响工程安全运行的行为； 3. 落实反恐、防火、防盗、防爆、防暑、防冻等措施	日常巡查和专项治理相结合
十	**技术档案整编**	1. 档案设施齐全、清洁、完好； 2. 维修养护技术档案完整、准确、系统； 3. 维修养护技术档案分类清楚、组卷合理、标题简明、装订整齐、存放有序	按月对维修养护记录进行整理汇总，年终分析审核归档，每年进行1次整编

3.3 泵站工程维修养护项目清单

泵站工程维修养护项目清单按表3.4执行。

表3.4 泵站工程维修养护项目清单

序号	项目名称	维修养护标准要求	维修养护内容及方式
一	**机电设备维修养护**		
1	主水泵维修养护	1. 在设计最高和最低扬程范围内，均能正常运行，且性能指标满足泵站设计要求；运行稳定，震动、噪声、摆度和轴承温度等符合要求； 2. 外观涂漆、标识符合要求；过流面防腐及时；过流部件无明显表面磨蚀、锈蚀情况；结合面无漏水现象； 3. 转动部件和固定部件之间间隙符合要求，无卡阻现象；轴承和密封装置运行正常，无渗油现象；叶片调节装置良好，动作可靠；主要零部件完好	1. 定期检查主水泵技术状况，进行清洁保养，和涂漆防腐； 2. 检修调整不符合要求零部件，更换锈蚀老化严重部件； 3. 主水泵及传动装置每1年或者运行1000小时进行一次小修，（大修参照GB/T 30948《泵站技术管理规程》相关规定执行）
2	主电动机维修养护	1. 在泵站设计运行范围内，均能正常运行，且性能指标满足要求；运行稳定，振动、噪声、摆度、温升等符合要求； 2. 外观涂漆、标识等符合要求； 3. 转动部位和固定部件之间间隙符合要求，无卡阻现象；轴承和密封装置运行正常，无渗油现象，轴承温度符合要求；主要零部件完好，定转子铁芯、线圈紧固、绑扎等符合要求；冷却系统运行正常，冷却效果良好； 4. 电气试验结果符合国家现行相关标准的规定	1. 定期检查主电动机技术状况，进行清洁保养，和涂漆防腐； 2. 检修调整不符合要求零部件，更换磨损老化严重部件； 3. 按规定要求进行电气试验； 4. 主电动机每1~2年或者运行2000小时进行一次小修，（大修参照GB/T 30948《泵站技术管理规程》相关规定执行）

（续表）

序号	项目名称	维修养护标准要求	维修养护内容及方式
3	变电设备维修养护	1. 在设计运行范围内，均能正常运行，且性能指标满足要求； 2. 外观涂漆、标识等符合要求； 3. 油质、油位符合要求，无渗油现象；保护装置可靠，运行稳定；冷却装置运行正常，噪声、温升满足要求；调压装置各分接点与线圈的连线紧固正确，接触紧密良好；主要零部件完好，绝缘件无裂纹、缺损和瓷件瓷釉损坏等缺陷； 4. 电气试验结果符合国家现行相关标准的规定	1. 每月对变电设备进行清扫； 2. 定期检查调整不符合要求部件，更换损坏老化部件； 3. 按规定要求进行电气试验； 4. 变压器每年进行一次小修，（大修参照GB/T 30948《泵站技术管理规程》相关规定执行）
4	输电系统维修养护	1. 电缆敷设通过地方保护完好，无障碍；支架牢固、无锈蚀，电缆标示清楚，沟道内无积水； 2. 母线及瓷瓶清洁完整、无裂纹、无放电痕迹； 3. 电缆头、接地线牢固，无断股、脱落现象，引线连接处无过热、熔化现象	1. 定期对架设线路部位进行检查，设立标志，清除障碍，清理并修复损坏电缆沟、电缆槽； 2. 定期对母线及瓷瓶进行清扫，检查短路、漏电现象，紧固松动接头，更换破损、老化线路； 3. 电缆及母线检修、试验频次按有关规定执行
5	高压开关设备维修养护	1. 各项性能参数在额定允许范围内，元器件运行温度符合规定； 2. 柜内清洁，五防功能齐全，外观涂漆、标识等符合要求； 3. 主要零部件完好，绝缘件无裂纹、缺损和瓷件瓷釉损坏等缺陷；保护装置可靠，运行稳定；操作机构灵活可靠，无卡阻现象；各部结点接触紧密，柜内接线正确、规范；盘柜表计、指示灯等完好； 4. 电气试验结果符合国家现行相关标准规定	1. 每月对相关设备进行保洁清扫； 2. 定期检查调整不符合要求部件，更换损坏老化部件； 3. 按规定要求进行电气试验； 4. 小修每年进行一次（大修参照GB/T 30948《泵站技术管理规程》相关规定执行）

序号	项目名称	维修养护标准要求	维修养护内容及方式
6	低压电器设备维修养护	1. 各项性能参数在额定允许范围内，元器件运行温度符合规定； 2. 柜内清洁，五防功能齐全，外观涂漆、标识等符合要求； 3. 主要零部件完好，绝缘件无裂纹、缺损和瓷件瓷釉损坏等缺陷；保护装置可靠，运行稳定；操作机构灵活可靠，无卡阻现象；各部结点接触紧密，柜内接线正确、规范；盘柜表计、指示灯等完好； 4. 电气试验结果符合国家现行相关标准规定	1. 每月对相关设备进行保洁清扫； 2. 定期检查调整不符合要求部件，更换损坏老化部件； 3. 小修每年进行一次（大修参照GB/T 30948《泵站技术管理规程》相关规定执行）
7	励磁和直流装置维修养护	励磁装置： 1. 各项性能参数在额定允许范围内； 2. 外观涂漆、标识等符合要求； 3. 主电路元器件完好，风机及控制回路运行正常，保护及信号装置工作可靠，励磁变压器运行正常；微机励磁装置通信正常；盘柜表计、指示灯等完好，柜内接线正确、规范，接点接触紧密； 4. 电气试验结果符合国家现行相关标准规定 直流装置： 1. 各项性能参数在额定允许范围内，绝缘性能符合要求； 2. 外观涂漆、标识等符合要求； 3. 蓄电池性能良好，工作正常，无胀鼓、漏液等缺陷，能按规定进行充放电且容量满足要求；控制、保护、信号等回路控制器及开关按钮动作可靠，指示灯指示正确；盘柜表计，柜内接线正确、规范，结点接触紧密； 4. 电气试验结果符合国家现行相关标准规定	1. 每月对相关设备进行保洁清扫； 2. 定期检查调整不符合要求部件，更换损坏老化部件； 3. 励磁设备每年检修一次； 4. 直流设备每2年检修一次

序号	项目名称	维修养护标准要求	维修养护内容及方式
8	保护和自动装置维修养护	1. 保护整定值满足要求，电气试验结果符合规定； 2. 外观涂漆、标识等符合要求； 3. 保护完好，动作灵敏、可靠；自动装置机械性能、电气特性满足要求；开关按钮动作可靠，指示灯指示正确；盘柜表计，柜内接线正确、规范，结点接触紧密；保护和自动装置通信正常	1. 每月对相关设备进行保洁清扫； 2. 定期检查调整不符合要求部件，更换损坏老化部件； 3. 小修每年进行一次（大修参照GB/T 30948《泵站技术管理规程》相关规定执行）
9	避雷设施维修养护	1. 避雷针（线、带）及引下线无断裂、锈蚀现象，焊接牢固； 2. 防雷设施构架上无线路架设、接地电阻符合要求	每年对防雷与接地装置进行检测，更换失效部件
10	自备发电机组维修养护	1. 保持机组清洁，保持油、气、水、电路通畅，不漏油、不渗油； 2. 空载试机电压、周波、相序和输出功率满足要求	1. 定期对机组进行清扫； 2. 每2个月进行1次检查、试运行，排除故障
11	配件更换及工器具消耗	保证各设备系统运行正常	1. 及时更换各设备损坏、磨损严重、不符合要求的配件零件； 2. 定期对检修专用工器具进行保养和维护
二	辅助设备维修养护		
1	油、气、水系统维修养护	1. 油系统干净无油污，油质良好无脏污；管路无渗漏，焊接头及安装接头牢固无裂纹；闸阀操作灵活；贮油罐油位正常，仪表指示正常； 2. 气系统空压机运行正常，转动部位润滑到位；管网无漏气现象，风孔滤网完好，储气罐无泄气漏气，压力指示正确；安全阀可靠；电气连接完好，绝缘良好，接地可靠；通风换气设备工作正常； 3. 水系统过滤器、滤网完好，无阻塞，供、排水畅通；检修阀及各闸阀工作可靠，无锈死、漏水现象；排水系统工作正常	1. 定期对油、气、水管道接头进行检查，发现漏油、漏气、漏水现象应及时处理，并定期涂漆防锈； 2. 定期对油、气、水系统中的机电设备和控制装置进行清扫检查、保养，发现缺陷及时修理或更换

（续表）

序号	项目名称	维修养护标准要求	维修养护内容及方式
2	起重设备维修养护	1. 运行时振动、噪音无异常； 2. 轨道平行，对接处无台阶，安装牢固，制动良好；钢丝绳及限位器工作正常； 3. 吊钩、滑轮、铁链、钢丝绳无裂纹损伤、开环、脱齿、咬边等现象，润滑完好	1. 定期对起重设备进行检查和润滑； 2. 定期检查调整不符合要求部件，更换损坏老化部件； 3. 检修中拆换主要支承部件或提升部件后，重作静负荷和动负荷试验； 4. 起重电机按规定要求进行电气试验
3	金属结构维修养护	1. 拍门门体无裂纹、严重变形现象，止水良好；铰轴和铰座固定可靠、配合良好、转动灵活，无裂纹、严重磨损和锈蚀现象；拍门液压机构或其他控制装置工作正常； 2. 拦污栅无严重锈蚀、变形和栅条缺失现象； 3. 压力管道密封良好、无渗漏，无锈蚀现象，支撑装置正常； 4. 清污机及传输装置工作正常； 5. 真空破坏阀在关闭状态下密封良好；破坏真空的控制设备或辅助应急措施运行正常	1. 定期对相关设备进行清洁保养； 2. 定期对相应金属结构做防腐处理，及时更换损坏部件； 3. 清污机定期启动进行保养性运转
4	配件更换及工器具消耗	保证各设备系统运行正常	1. 及时更换各设备损坏、磨损严重、不符合要求的配件零件； 2. 定期对检修专用工器具进行保养和维护
三	**泵站建筑物维修养护**		

（续表）

序号	项目名称	维修养护标准要求	维修养护内容及方式
1	泵房维修养护	1. 电机层及厂房混凝土结构无侵蚀破坏、严重炭化、脱壳剥落和机械损坏现象；厂房内干净整洁，各类工具、材料、物品摆放有序；屋顶、墙面和门窗无破损现象，屋面、墙面无渗水、脱落现象，门窗完好、封闭可靠； 2. 流道层及水泵层：进出水流道结构完好，过流面光滑，蚀坑较少，满足过流及流态要求；混凝土强度、碳化深度及钢筋保护层厚度满足要求，泵室无明显裂缝、损坏和渗漏等现象	1. 每周对主泵房进行保洁和整理； 2. 修缮房屋损坏墙、地、门、窗； 3. 及时检修、更换无法正常使用的水电管线路和照明设施； 4. 进出水流道采取填充法和灌浆法对侵蚀破坏部位进行修补；工作层及厂房结构可采取涂料封闭、砂浆抹补、喷浆和喷混凝土等措施对表面损伤部位进行修复；采用填充法或灌浆法处理渗水现象
2	进、出水池（渠）维修养护	1. 结构完整，尺寸符合要求，水流流态稳定； 2. 砌石挡墙和砌块护坡工程完好，无破损、松动、塌陷现象，表面无杂草； 3. 防渗及反滤设施满足要求	1. 采取表面处理和翻修相结合的方式，对砌体工程按原状修复，并定期人工清除表面杂草； 2. 及时修复和疏通损坏和堵塞的防渗及反滤设施
3	进出水池（渠）清淤	无严重淤积现象，不影响水泵机组保持良好工作状态	对淤积严重部位采取水力冲挖及机械开挖的方式进行清理
4	进、出水闸工程维修养护	参照水闸工程维修养护定额标准执行	参照水闸工程维修养护定额标准执行
四	**自动控制、监视、监测系统维修养护**		
1	计算机自动控制系统维修养护	1. 加强对计算机网络安全管理，定时杀毒，及时对软件系统进行升级维护；按时对运行数据库进行备份，及时对修改或重置设置软件进行备份； 2. 计算机硬件设备完好	1. 系统维护与升级每半年进行1次； 2. 及时更换损坏硬件设备

（续表）

序号	项目名称	维修养护标准要求	维修养护内容及方式
2	视频监视系统维修养护	1. 摄像头、云台、刮雨器等转动部位保持清洁，运转良好，动作灵活，画面清晰； 2. 监视系统软件升级维护完善	1. 定期对设备进行清洁和检查，及时排除故障，修复损坏设备及线路； 2. 定期对系统进行更新和升级
3	安全监测系统维修养护	定期对工程位移、扬压力、裂缝、伸缩缝、渗流、水位、流量等观测、监测设施进行检查、校核和修复	1. 定期对水准基点高程进行校测，对测压管进行校核和率定； 2. 定期对雨量计、水位计、水尺进行清洗，检查测量仪器并校核，率定精度，更换损坏及不灵敏部件
五	**附属设施及管理区维修养护**		
1	房屋维修养护	1. 管理房干净整洁，各类工具、材料、物品摆放有序； 2. 及时维修管理房屋顶、墙面和门窗出现的破损现象；保持屋面、墙面无渗水，脱落现象；门窗完好，封闭可靠； 3. 房屋内水电管线路及照明设施完好	1. 每周对房屋进行保洁和整理； 2. 修缮房屋损坏墙、地、门、窗； 3. 及时检修、更换无法正常使用的水电管线路和照明设施
2	管理区维护	1. 定期对管理站区、园区进行保洁，清除垃圾、废弃物； 2. 合理种植、补植、更新草坪、花卉和树木并及时施肥、除草、防止病虫害，定期修剪，控制高度和整齐度； 3. 交通及工作道路完好，排水沟畅通； 4. 夜间照明设施完好	1. 每周对站区、园区环境卫生进行全面整理；重点部位每天进行保洁； 2. 定期对站区绿化工程进行养护； 3. 及时按标准修复损坏道路，疏通修复排水沟； 4. 及时维修和更换损坏照明设施
3	围墙护栏维修养护	围墙护栏完好、美观	修补破损围墙及护栏，进行涂漆防锈美观工作

（续表）

序号	项目名称	维修养护标准要求	维修养护内容及方式
4	标识、标牌维修养护	1. 工程设施标牌、标志、标识完好、醒目、美观； 2. 安全警示标志，限速、限载标志完好	1. 对各类标识、标牌进行清洁并除锈出新； 2. 对丢失及缺少部位进行补充
5	材料及工器具消耗	油漆涂料、管路线路、灯具玻璃、门锁扣件等零星材料及进行维修养护工作器材设备消耗	每年定期购置补充
六	**水面杂物及水生生物清理**	进水闸前或进水前池无杂物、水草堆积现象，无侵蚀建筑物和设备现象，不影响工程正常运行	适时采用人工和机械进行清理
七	**物料动力消耗**	电力、柴油、机油、黄油等消耗	
八	**小型水损修复**	汛后检查，对损坏部分恢复原状	采取相应的措施，及时修复
九	**泵站建筑物及设备等级评定**	1. 建筑物运用指标满足要求，无影响正常运行的缺陷； 2. 设备参数和技术状态满足要求，保证安全运行	1. 按规定要求每年对泵站各类建筑物进行等级评定； 2. 按规定要求每年对泵站的各类设备和金属结构进行等级评定
十	**安全管护**	1. 定期对工程运行及工程保护进行安全宣传； 2. 定期对管理范围内进行巡查，无影响工程安全运行的行为； 3. 落实反恐、防火、防盗、防爆、防暑、防冻等措施	日常巡查和专项治理相结合
十一	**技术档案整编**	1. 档案设施齐全、清洁、完好； 2. 维修养护技术档案完整、准确、系统； 3. 维修养护技术档案分类清楚、组卷合理、标题简明、装订整齐、存放有序	按月对维修养护记录进行整理汇总，年终分析审核归档，每年进行一次整编

移动式泵站定期对移动车辆、水泵、机组、开关柜、进出水管道、线路及库房等进行除泥、清洗、检测、养护和维修，保持设备完好。

3.4　河道堤防工程维修养护项目清单

河道堤防工程维修养护项目清单按表3.5执行。

表3.5　河道堤防工程维修养护项目清单

序号	项目名称	维修养护标准要求	维修养护内容及方式
一	**堤顶及防汛道路维修养护**		
1	堤顶土方养护修整	1. 堤顶满足设计高程及宽度要求，并保持一定横向坡度； 2. 堤顶平整坚实，无明显凹陷、起伏、车槽等缺陷	对缺陷、受损堤顶，进行人工或机械土方开挖、清基、刨毛、洒水、补土、整平、压实，按原设计标准恢复
2	堤肩土方养护修整	1. 堤线顺直平整，植草防护满足要求； 2. 堤肩无塌肩、坑洼、车槽等缺陷	1. 定期清理、平整堤肩堆土； 2. 对缺陷、受损堤肩，进行人工补土、整平、压实，按原设计标准恢复
3	堤顶防汛道路维修养护	1. 路面高程和宽度满足设计要求，边线明显、顺直； 2. 沥青路面无裂缝、坑槽、拥包、沉陷、车辙、波浪、泛油、脱皮、啃边等现象； 3. 水泥混凝土路面无裂缝、脱空、错台、沉陷、坑洞等现象，填缝料无脱落缺失现象； 4. 砂石路面平整坚实，无波浪、坑槽、车辙等现象； 5. 路缘石完好美观，路面排水顺畅，雨后无明显积水	1. 沥青道路根据破损形式和程度采用热材料或冷材料先修补基层，再修复面层，必要时需铺筑上封层或进行路面补强； 2. 混凝土路面采用直接灌浆或扩缝补块方法对路面裂缝和破损进行修补，路面脱空和坑洞采用灌浆法进行修复，接缝修复清理嵌入杂物，采用适宜材料灌缝修补； 3. 砂石路面对保护层进行铺砂、扫砂、匀砂养护，对磨耗层破损、坑槽、车辙、破浪等病害进行修复； 4. 更换的路缘石与原路缘石规格材质一致、疏通淤塞排水沟

（续表）

序号	项目名称	维修养护标准要求	维修养护内容及方式
4	堤上交通道口维修养护	1. 路面完好，无明显严重破损现象； 2. 路缘石、防护栏完好，无损坏现象，路面排水顺畅	1. 及时采用合理方式对不同形式路面进行修复； 2. 及时更换损坏路缘石和防护栏，并定期出新； 3. 及时疏通和修复淤塞和损坏排水系统设施
二	**堤坡维修养护**		
1	堤坡及戗台土方养护修整	1. 堤坡满足设计坡比，戗台满足设计宽度，堤脚线保持连续、清晰； 2. 坡面与台面饱满、平整，无雨淋沟、陡坎、洞穴、陷坑等缺陷	采用机械或人工方式对局部缺损、滑坡和雨淋沟现象进行修复，外运符合要求土料，分层回填夯实并整平，同时恢复坡面护坡工程
2	上、下堤道路土方养护修整	1. 上下堤道路满足设计宽度和坡度，保持顺直、平整； 2. 道路无沟坎、凹陷、残缺、侵蚀堤身现象	采用机械或人工方式对出现沟坎、凹陷的部位进行补土垫平并夯实
3	上、下堤道路路面维修养护	1. 路面坡度和宽度满足设计要求，边线明显、顺直； 2. 沥青路面无裂缝、坑槽、拥包、沉陷、车辙、波浪、泛油、脱皮、啃边等现象； 3. 水泥混凝土路面无裂缝、脱空、错台、沉陷、坑洞等现象，填缝料无脱落缺失现象； 4. 砂石路面平整坚实，无波浪、坑槽、车辙等现象； 5. 路缘石完好美观，路面排水顺畅，雨后无明显积水	1. 沥青道路根据破损形式和程度采用热材料或冷材料先修补基层，再修复面层，必要时需铺筑上封层或进行路面补强； 2. 混凝土路面采用直接灌浆或扩缝补块方法对路面裂缝和破损进行修补，路面脱空和坑洞采用灌浆法进行修复，接缝修复清理嵌入杂物，采用适宜材料灌缝填补； 3. 砂石路面对保护层进行铺砂、扫砂、匀砂养护，对磨耗层破损、坑槽、车辙、破浪等病害进行修复； 4. 更换的路缘石与原路缘石规格材质相一致、疏通淤塞排水沟

（续表）

序号	项目名称	维修养护标准要求	维修养护内容及方式
4	护坡维修养护		
4.1	硬护坡维修养护	1. 表面干净整洁，无杂草、杂物； 2. 坡面平顺，砌块完好，砌缝紧密，无松动、塌陷、破损、架空现象	1. 定期人工对护坡表面杂草进行清除； 2. 砌石护坡：凿除破碎或松动块石对表面重新砌筑，对脱落、风化勾缝进行砂浆填补，当垫层淘刷，砌体架空时应处理基础，彻底翻修； 3. 现浇混凝土和预制块护坡：凿除破碎、断裂砌块进行重新砌筑，局部面层裂缝、破损采用抹补、喷浆处理，当沉陷、掏空时应拆除面层，修复土体和垫层并恢复坡面，定期疏通、修复淤塞和损坏排水孔
4.2	草皮护坡养护	保持草皮整齐、平顺，高度宜控制在20cm以下	1. 及时采用人工或化学方法清除高杆、阔叶类杂草； 2. 适时进行修剪，保持美观； 3. 根据需要进行浇水和施肥
4.3	草皮护坡补植	覆盖率保持95%以上	及时选择适宜品种进行枯死、损毁或冲刷流失草皮的补植
三	**堤身内部维修养护**	堤身无裂缝、孔洞及软弱层等隐患现象	根据堤身隐患探测成果、隐患类型和堤身土质，选择开挖回填、横墙隔断、灌堵封口、灌浆封堵的方式进行处理
四	**防浪（洪）墙维修养护**		
1	墙体维修养护	1. 防洪墙、防浪墙的高程满足设计要求； 2. 无破损、残缺、断裂现象，保证墙体的完好性和连续性	1. 及时对墙体表面脱落和缺失涂层进行粉刷和修复，保持美观； 2. 根据损坏情况，采取表面处理和翻修相结合的方式，按原状修复

序号	项目名称	维修养护标准要求	维修养护内容及方式
2	伸缩缝维修养护	伸缩缝无破损、填料流失现象	及时对填充料缺失部位进行填补，对损坏部位进行局部拆除修复
五	**减压及排渗（水）工程维修养护**		
1	减压及排渗工程维修养护	1. 防渗设施保持完好无损； 2. 保持减压井使用功能良好； 3. 测压管运行正常，无堵塞、锈蚀、破损现象	1. 对损坏防渗、反滤体或保护层采用相同材料修复，并恢复原结构； 2. 对排渗功能不满足要求的减压井进行"洗井"处理； 3. 修复更换无法正常使用的测压管
2	排水沟维修养护	排水体系完好并确保畅通	1. 定期清理、疏通排水设施； 2. 对破损的排水沟进行修复
六	**护堤地维修养护**		
1	护堤地养护修整	1. 护堤地边界明确，地面平整； 2. 界梗、界沟、界桩规整，排水畅通	1. 修复残缺界梗，疏通阻塞界沟； 2. 定期对局部坑洼部位进行填补和平整
2	护堤地林木养护		
2.1	防浪林养护	1. 林木间距一致，保证通风、透光、整齐； 2. 林木保存率大于95%	1. 定期修枝整齐、除草、松土、浇水、施肥、病虫害防治和涂白； 2. 及时补植缺损林木并更新林木
2.2	护堤林养护	1. 防浪林主冠高度和密度满足要求； 2. 林木间距一致，保证通风、透光、整齐； 3. 林木保存率大于95%	1. 定期修枝整齐、除草、松土、浇水、施肥、病虫害防治和涂白； 2. 及时补植缺损林木并更新林木
七	**穿堤闸（涵）工程维修养护**	参照水闸工程维修养护定额标准执行	参照水闸工程维修养护定额标准执行

（续表）

序号	项目名称	维修养护标准要求	维修养护内容及方式
八	**河道工程维修养护**		
1	河道防护工程维修养护		
1.1	抛石护岸整修	维持抛石护岸部位防护完好，符合要求	在枯水季节，对出露的抛石护岸进行人工翻修、填补、整平
1.2	护坎工程维修养护	保持护坎工程完好，无冲刷损毁现象	1. 定期疏通排水设施； 2. 根据损坏情况，采取表面处理和翻修相结合的方式，按原状修复
2	河道、河床监测		
2.1	近岸河床冲淤变化观测	定期对近岸河床进行冲淤变化观测，进行河岸稳定分析，提出岸坡变化预警	重要河段、险工险段、重点监测断面每年汛后观测一次
2.2	崩岸预警监测	定期对预警区大比例水下地形观测并编制预警报告	每年汛前、汛期、汛后各观测一次
2.3	护岸工程监测	对护岸工程区域稳定性监测并编制监测报告	每年汛后观测一次
九	**附属设施及管理区维修养护**		
1	房屋维修养护	1. 防汛、管理用房干净整洁，各类工具、材料、物品摆放有序； 2. 及时维修管理房屋顶、墙面和门窗出现的破损现象；保持屋面、墙面无渗水，脱落现象；门窗完好、封闭可靠； 3. 房屋内水电管线路及照明设施完好	1. 每周对房屋进行保洁和整理； 2. 修缮房屋损坏墙、地、门、窗； 3. 及时检修、更换无法正常使用的水电管线路和照明设施

（续表）

序号	项目名称	维修养护标准要求	维修养护内容及方式
2	标识牌、碑桩、拦车墩维修养护	1. 各类标识牌字迹清晰、醒目、完整； 2. 各类碑、桩完好，整齐一致； 3. 拦车墩满足使用功能	1. 对各类标识牌、碑桩、拦车墩进行清洁并涂漆出新； 2. 对丢失及缺少部位进行补充
3	材料及工器具消耗	油漆涂料、管路线路、灯具玻璃、门锁扣件等零星材料及进行维修养护工作器材设备消耗	每年定期购置补充
4	监视、监控及通信系统维修养护	1. 摄像头、云台、刮雨器等转动部位保持清洁，运转良好，动作灵活，画面清晰； 2. 及时对监视系统进行升级维护； 3. 通信设备及线路完好； 4. 防雷、接地保护措施到位	1. 定期对设备进行清洁和检查，及时排除故障，修复损坏设备及线路； 2. 定期对软件系统进行维护； 3. 定期检查通信设备，更换破损、老化线路； 4. 定期对避雷设施进行检测
十	防汛抢险物料维护	存储料物位置适宜、存放规整、取用方便，有防护措施	1. 及时清除杂草杂物，保持物料整洁完好； 2. 定期清点、检查，及时补充、更换相应物资物料； 3. 及时修复围砌挡墙，刷新明示标语
十一	小型水损修复	汛后检查，对损坏部分恢复原状	采取相应的措施，及时修复
十二	堤身隐患探测	根据需要对险工险段和重要堤段进行堤身隐患探测	1. 根据探测堤防特点选择合理使用范围和条件的探测方法； 2. 先普查探测堤防隐患分布情况，再详查隐患分布堤段，详查堤段不小于普查堤段20%
十三	白蚁防治		

序号	项目名称	维修养护标准要求	维修养护内容及方式
1	白蚁预防	定期对建筑物基础及周边区域进行检查并进行屏障	1. 日常检查由管理单位人员结合工程日常管养维护工作进行，重点检查历史有蚁部位； 2. 定期普查由白蚁防治专业技术人员在春秋两季进行全面的检查，并及时采用药物屏障和物理屏障与非工程措施相结合进行防护
2	白蚁治理	对已发现的白蚁危害进行治理工作	根据普查结果，判断蚁患危害程度，采用破巢除蚁法、诱杀毒杀法、灌浆法等方式进行灭蚁工作
3	材料及工器具消耗	进行白蚁预防过程中产生的材料、物品、药物以及工作器材设备消耗	每年定期购置补充
十四	**河道堤防沿线环境维护**	堤段各部位保持干净整洁，无垃圾、弃物	定期对堤段沿线进行保洁工作，乡镇段堤防根据情况适当增加保洁次数
十五	**水文及水情测报设施维修养护**	水文测站整体工作运行良好，水文仪器及记录、控制系统保持完好	1. 定期对站房进行检修，修缮损坏墙、地、门、窗，更换无法正常使用的管线路和照明设施； 2. 定期对各监测设备检查、清洗、校核和率定，并更换不灵敏及损坏部件，及时对系统进行维护升级； 3. 有防潮湿和防锈蚀要求的设施设备定期采取除湿措施和防腐处理

（续表）

序号	项目名称	维修养护标准要求	维修养护内容及方式
十六	安全管护	1. 定期对工程运行及工程保护进行安全宣传； 2. 定期对管理范围内进行巡查，无影响工程安全运行的行为； 3. 落实反恐、防汛、防火、防盗、防爆、防暑、防冻等措施	日常巡查和专项治理相结合
十七	技术档案整编	1. 档案设施齐全、清洁、完好； 2. 维修养护技术档案完整、准确、系统； 3. 维修养护技术档案分类清楚、组卷合理、标题简明、装订整齐、存放有序	按月对维修养护记录进行整理汇总，年终分析审核归档，每年进行一次整编

3.5 灌区工程维修养护项目清单

灌区工程维修养护项目清单按表3.6执行。

表3.6 灌区工程维修养护项目清单

序号	项目名称	维修养护标准要求	维修养护内容及方式
一	灌排渠沟工程维修养护		
1	渠（沟）顶维修养护		
1.1	渠（沟）顶土方维修养护	1. 渠（沟）顶满足设计高程及宽度要求，并保持一定横向坡度； 2. 渠（沟）顶平整坚实，无明显凹陷、起伏、车槽等缺陷	对缺陷、受损渠（沟）顶，进行人工或机械土方开挖、清基、刨毛、洒水、补土、整平、压实，按原设计标准恢复

（续表）

序号	项目名称	维修养护标准要求	维修养护内容及方式
1.2	渠（沟）顶道路维修养护	1. 路面高程和宽度满足设计要求，边线明显、顺直； 2. 沥青路面无裂缝、坑槽、拥包、沉陷、车辙、波浪、泛油、脱皮、啃边等现象； 3. 水泥混凝土路面无裂缝、脱空、错台、沉陷、坑洞等现象，填缝料无脱落缺失现象； 4. 砂石路面平整坚实，无波浪、坑槽、车辙等现象； 5. 路缘石完好美观，路面排水顺畅，雨后无明显积水	1. 沥青道路根据破损形式和程度采用热材料或冷材料先修补基层，再修复面层，必要时需铺筑上封层或进行路面补强； 2. 混凝土路面采用直接灌浆或扩缝补块方法对路面裂缝和破损进行修补，路面脱空和坑洞采用灌浆法进行修复，接缝修复清理嵌入杂物，采用适宜材料灌缝填补； 3. 砂石路面对保护层进行铺砂、扫砂、匀砂养护，对磨耗层破损、坑槽、车辙、破浪等病害进行修复； 4. 更换的路缘石与原路缘石规格材质相一致、疏通淤塞排水沟
2	渠（沟）边坡维修养护		
2.1	渠（沟）边坡土方维修养护	1. 渠（沟）边坡满足设计坡比要求，坡面饱满、平整； 2. 无滑坡、雨淋沟、陡坎、洞穴、陷坑等缺陷	采用机械或人工方式对局部缺损、滑坡和雨淋沟现象进行修复，外运符合要求土料，分层回填夯实并整平，同时恢复坡面护坡工程
2.2	渠（沟）护坡或防渗工程维修养护		

（续表）

序号	项目名称	维修养护标准要求	维修养护内容及方式
2.2.1	硬护坡或防渗工程维修养护	1. 防渗工程及砌石和混凝土护坡满足设计要求； 2. 硬护坡无松动、塌陷、破损、架空现象； 3. 土料和水泥土防渗：土料颗粒大小和含水率满足要求，保证压实度； 4. 砌石防渗：砌缝密实，勾缝充分、平整； 5. 膜料防渗：保证整体完好性，无破损，连接段接合牢靠，保护层土料满足要求； 6. 沥青混凝土和混凝土防渗：骨料和掺和料配比满足要求，整体完好无断裂，表面平整	1. 定期人工对护坡表面杂草进行清除； 2. 硬护坡修复对损坏部位进行拆除，按原标准修复； 3. 土料和水泥土防渗对原材料运输、粉碎、筛分、配比、拌和，分层铺料夯实； 4. 砌石防渗补浆勾缝，若破损严重先对原有防渗体拆除，重新砌筑； 5. 膜料防渗根据破损范围和渠道形式采用合理方式进行修复，并恢复表面保护层； 6. 沥青混凝土和混凝土防渗对破损部位拆除，立膜、拌合、浇筑
2.2.2	生态护坡维修养护	1. 保持草皮或植被整齐，平顺，并控制一定高度； 2. 保证植被的覆盖率	1. 及时采用人工或化学方法清除高杆、阔叶类杂草； 2. 适时进行修剪，保持美观，根据需要进行浇水和施肥； 3. 及时选择适宜品种进行枯死、损毁或冲刷流失草皮的补植
3	导渗及排水工程维修养护	导渗工程和排水体系完好，导渗排水效果满足要求	1. 定期对淤堵部位进行疏通； 2. 及时对损坏部位进行修复
4	护渠林（地）维修养护	1. 护渠地边界明确，地面平整； 2. 林木间距一致，保证通风、透光、整齐，保证林木存活率95%以上	1. 疏通淤堵界沟，修复残缺界梗，对坑洼部位进行填土平整； 2. 定期修枝整齐、除草、松土、浇水、施肥、病虫害防治和涂白并对缺损林木及时补植和更新
5	渠沟清淤	渠沟断面满足要求，保证过水通畅，无严重堵塞现象	对淤塞严重的渠道通过机械开挖和水力冲挖方式进行清理
6	水生生物清理	保证渠沟过水通畅	适时机械挖除水草及水生生物
二	**灌排建筑物维修养护**		

（续表）

序号	项目名称	维修养护标准要求	维修养护内容及方式
1	渡槽工程维修养护		
1.1	进出口段及槽台维修养护	1．进、出口与上、下游渠道连接平顺，无坑洼、塌陷等现象； 2．连接段及槽台砌石工程完好	1．对塌陷、流失部位进行机械或人工开挖清理、补土、填平并夯实； 2．对损坏部位砌石工程进行表面补浆处理或局部拆除翻修
1.2	结构表面裂缝、破损、侵蚀及碳化处理	混凝土结构表面无明显裂缝、破损、侵蚀及严重碳化现象	1．混凝土细微表面裂缝可采取涂料封闭进行修补； 2．混凝土结构脱壳、剥落和机械损坏时可采用砂浆抹补、喷浆等措施进行修补； 3．保护层侵蚀或碳化时可采用涂料封闭、砂浆抹面或喷浆等措施进行处理
1.3	伸缩缝维修养护	伸缩缝无破损、填料流失现象	及时对填充料缺失部位进行填补，对损坏部位进行局部拆除修复
1.4	护栏维修养护	护栏固定牢靠、完好、美观	1．定期进行涂漆防腐保护； 2．对侵蚀严重及破损护栏进行更换
2	倒虹吸工程维修养护		
2.1	进出口段维修养护	1．进、出口与上、下游渠道连接平顺，无坑洼、塌陷等现象； 2．连接段砌石工程完好	1．对塌陷、流失部位进行机械或人工开挖清理、补土、填平并夯实； 2．对损坏部位砌石工程进行表面补浆处理或局部拆除翻修
2.2	结构表面裂缝、破损、侵蚀及碳化处理	混凝土结构表面无明显裂缝、破损、侵蚀及严重碳化现象	1．混凝土细微表面裂缝可采取涂料封闭进行修补； 2．混凝土结构脱壳、剥落和机械损坏时可采用砂浆抹补、喷浆等措施进行修补； 3．保护层侵蚀或碳化时可采用涂料封闭、砂浆抹面或喷浆等措施进行处理

（续表）

序号	项目名称	维修养护标准要求	维修养护内容及方式
2.3	伸缩缝维修养护	伸缩缝无破损、填料流失现象	及时对填充料缺失部位进行填补，对损坏部位进行局部拆除修复
2.4	拦污栅维修养护	拦污栅固定牢靠、完好、美观	1. 定期进行涂漆防腐保护； 2. 对侵蚀严重及破损拦污栅进行更换
2.5	倒虹吸清淤	保证过水通畅，无严重淤堵现象	采用水力冲挖方式对淤堵严重部位进行疏通
3	地下涵工程维修养护		
3.1	进出口段维修养护	1. 进、出口与上、下游渠道连接平顺，无坑注、塌陷等现象； 2. 连接段砌石工程完好	1. 对塌陷、流失部位进行机械或人工开挖清理、补土、填平并夯实； 2. 对损坏部位砌石工程进行表面补浆处理或局部拆除翻修
3.2	结构表面裂缝、破损、侵蚀及碳化处理	混凝土结构表面无明显裂缝、破损、侵蚀及严重碳化现象	1. 混凝土细微表面裂缝可采取涂料封闭进行修补； 2. 混凝土结构脱壳、剥落和机械损坏时可采用砂浆抹补、喷浆等措施进行修补； 3. 保护层侵蚀或碳化时可采用涂料封闭、砂浆抹面或喷浆等措施进行处理
3.3	伸缩缝维修养护	伸缩缝无破损、填料流失现象	及时对填充料缺失部位进行填补，对损坏部位进行局部拆除修复
3.4	拦污栅维修养护	拦污栅固定牢靠、完好、美观	1. 定期进行涂漆防腐保护； 2. 对侵蚀严重及破损拦污栅进行更换
3.5	地下涵清淤	保证过水通畅，无严重淤堵现象	采用水力冲挖方式对淤堵严重部位进行疏通
4	滚水坝工程维修养护		

（续表）

序号	项目名称	维修养护标准要求	维修养护内容及方式
4.1	结构表面裂缝、破损、侵蚀及碳化处理	混凝土结构表面无明显裂缝、破损、侵蚀及严重碳化现象	1. 混凝土细微表面裂缝可采取涂料封闭进行修补； 2. 混凝土结构脱壳、剥落和机械损坏时可采用砂浆抹补、喷浆等措施进行修补； 3. 保护层侵蚀或碳化时可采用涂料封闭、砂浆抹面或喷浆等措施进行处理
4.2	伸缩缝维修养护	伸缩缝无破损、填料流失现象	及时对填充料缺失部位进行填补，对损坏部位进行局部拆除修复
4.3	消能防冲设施维修养护	消能防冲工程满足使用功能，无严重剥蚀和损坏现象	采用填充法对侵蚀或破损消能防冲工程进行修复
4.4	反滤及排水设施维修养护	反滤设施、排水设施结构完好，保持畅通，满足使用功能	1. 定期人工清理疏通淤堵反滤排水设施； 2. 发生损毁现象按原标准要求及时修复
5	橡胶坝工程		
5.1	橡胶袋维修养护	坝袋密封完好，无严重老化、侵蚀、磨损现象	1. 对侵蚀和磨损部位进行表面加固和修补； 2. 对老化严重和破损部位进行更换
5.2	底板、护坡及岸、翼墙维修养护	底板、护坡及岸、翼墙等结构工程完好	1. 混凝土工程根据损坏现象采用表面处理法、填充法或灌浆法进行修补； 2. 砌石工程采用表面补浆处理或局部拆除翻修方式进行修复
5.3	金结、机电及控制设备维修养护	1. 动力设备、充排设备及压力监测设备运行良好； 2. 锚固部件、管路及零配件完好无损坏	1. 定期对设备进行定期保洁、保养； 2. 调试仪器仪表，更换损坏部件
6	生产、交通桥（涵）维修养护		

（续表）

序号	项目名称	维修养护标准要求	维修养护内容及方式
6.1	桥面道路维修养护	1. 沥青路面无裂缝、坑槽、拥包、沉陷、车辙、波浪、泛油、脱皮、啃边等现象； 2. 水泥混凝土路面无裂缝、脱空、错台、沉陷、坑洞等现象，填缝料无脱落缺失现象； 3. 路缘石完好美观，路面排水顺畅，雨后无明显积水	1. 沥青道路根据破损形式和程度采用热材料或冷材料先修补基层，再修复面层，必要时需铺筑上封层或进行路面补强； 2. 混凝土路面采用直接灌浆或扩缝补块方法对路面裂缝和破损进行修补，路面脱空和坑洞采用灌浆法进行修复，接缝修复清理嵌入杂物，采用适宜材料灌缝填补； 3. 更换的路缘石与原路缘石规格材质相一致、疏通淤塞排水沟
6.2	连接段及桥台维修养护	1. 连接段衔接平顺，无塌陷、坑洼现象； 2. 桥台结构完好，无破损现象	1. 对塌陷、流失部位进行机械或人工开挖清理、补土、填平、夯实并修复路面； 2. 对桥台破损部位采用表面处理法进行修补
6.3	护栏维修养护	护栏固定牢靠、完好、美观	1. 定期进行涂漆防腐保护； 2. 对侵蚀严重及破损护栏进行更换
7	跌水、陡坡维修养护	1. 消能防冲工程满足使用功能，无严重剥蚀和损坏现象； 2. 伸缩缝无损坏、填料流失现象	1. 采用填充法对侵蚀或破损消能防冲工程进行修复； 2. 及时对填充料缺失部位进行填补，对损坏部位进行局部拆除修复
8	量水设施维修养护		
8.1	量水设施标准断面维修养护	标准断面完好，满足使用功能	对标准断面进行检查，修葺损坏部位
8.2	量水设施设备维修养护	流速仪等量水装置运行良好，仪表灵敏，显示正常	检查仪器并校核，率定精度，更换损坏及不灵敏部件
9	其他设施维修养护	漂排、清淤设备完好	定期对相应设备进行检修

（续表）

序号	项目名称	维修养护标准要求	维修养护内容及方式
三	田间工程维修养护	1. 渠（沟）过水断面满足要求，防渗衬砌工程保持完好； 2. 配水、灌水、量水、交通和控制建筑物工程良好，满足使用要求； 3. 田间道路与护渠林带完好	1. 对损毁渠（沟）和防渗衬砌工程进行修复； 2. 修葺损坏建筑物，保证使用功能良好； 3. 修补损毁路面，定期养护林木
四	附属工程及管理区维修养护		
1	房屋维修养护	1. 管理用房干净整洁，各类工具、材料、物品摆放有序； 2. 及时维修管理房屋顶、墙面和门窗出现的破损现象；保持屋面、墙面无渗水，脱落现象；门窗完好、封闭可靠； 3. 室内管线及照明设施完好	1. 每周对房屋进行保洁和整理； 2. 修缮房屋损坏墙、地、门、窗； 3. 及时检修、更换无法正常使用的水电管线路和照明设施
2	管理区维护	1. 定期对管理区范围内的垃圾、废弃物进行清理； 2. 合理种植、补植、更新草坪、花卉和树木并及时施肥、除草、防止病虫害，定期修剪，控制高度和整齐度； 3. 管理区内交通及工作道路完好； 4. 围墙护栏完好，美观； 5. 管理区夜间照明设施完好	1. 每周对管理区环境卫生进行全面整理，重点部位每天进行保洁； 2. 定期对管理区绿化工程进行养护； 3. 及时按标准修复损坏道路； 4. 修补破损围墙及护栏，进行涂漆防锈美观工作； 5. 及时维修和更换损坏照明设施
3	标识牌、碑桩维修养护	1. 各类标识牌字迹清晰、醒目、完整； 2. 各类碑、桩完好，整齐一致	1. 对各类标识牌、碑桩进行清洁并涂漆出新； 2. 对丢失及缺少部位进行补充
4	防汛抢险物料维护	存储料物位置适宜、存放规整、取用方便，有防护措施	1. 及时清除杂草杂物，保持物料整洁完好； 2. 定期清点、检查，及时补充、更换相应物资物料； 3. 及时修复围砌挡墙，刷新明示标语

（续表）

序号	项目名称	维修养护标准要求	维修养护内容及方式
5	材料及工器具消耗	油漆涂料、管路线路、灯具玻璃、门锁扣件等零星材料及进行维修养护工作器材设备消耗	每年定期购置补充
6	监视、监控及通信系统维修养护	1. 摄像头、云台、刮雨器等转动部位保持清洁，运转良好，动作灵活，画面清晰； 2. 及时对监视系统进行升级维护； 3. 通信设备及线路完好； 4. 防雷、接地保护措施到位	1. 定期对设备进行清洁和检查，及时排除故障，修复损坏设备及线路； 2. 定期对软件系统进行维护； 3. 定期检查通信设备，更换破损、老化线路； 4. 定期对避雷设施进行检测
五	**渠沟及建筑物观测、监测**	1. 水质安全监测； 2. 渠系建筑物位移和完整性观测； 3. 渠沟渗流、边坡稳定性及冲淤变化观测	每年灌溉期或汛期前后进行位移、滑坡、渗漏观测，并对资料进行整理分析
六	**渠沟沿线环境治理**	1. 渠沟沿线道路、护坡、护渠林地、岸边干净整洁，无杂物垃圾； 2. 渠沟水面无漂浮物，渠系控制建筑物前无杂物堆积现象	1. 对渠沟沿线的道路、护坡、护渠林地及岸边进行检查和保洁工作； 2. 定期对渠系建筑物前漂浮物进行打捞处理
七	**小型水损修复**	汛后检查，对损坏部分恢复原状	采取相应的措施，及时修复
八	**白蚁防治**		
1	白蚁预防	定期对建筑物基础及周边区域进行检查并进行屏障	1. 日常检查由管理单位人员结合工程日常管养维护工作进行，重点检查历史有蚁部位； 2. 定期普查由白蚁防治专业技术人员在春秋两季进行全面的检查，并及时采用药物屏障和物理屏障与非工程措施相结合进行防护
2	白蚁治理	对已发现的白蚁危害进行治理工作	根据普查结果，判断蚁患危害程度，采用破巢除蚁法、诱杀毒杀法、灌浆法等方式进行灭蚁工作

（续表）

序号	项目名称	维修养护标准要求	维修养护内容及方式
3	材料及工器具消耗	进行白蚁预防过程中产生的材料、物品、药物以及工作器材设备消耗	每年定期购置补充
九	**安全管护**	1. 定期对工程运行及工程保护进行安全宣传； 2. 定期对管理范围内进行巡查，无影响工程安全运行的行为； 3. 落实反恐、防汛、防火、防盗、防爆、防暑、防冻等措施	日常巡查和专项治理相结合
十	**技术档案整编**	1. 档案设施齐全、清洁、完好； 2. 维修养护技术档案完整、准确、系统； 3. 维修养护技术档案分类清楚、组卷合理、标题简明、装订整齐、存放有序	按月对维修养护记录进行整理汇总，年终分析审核归档，每年进行一次整编

4 维修养护工作（工程）量

4.1 水闸工程维修养护项目基准工作（工程）量

水闸工程维修养护项目基准工作（工程）量的计算，以各级水闸工程流量、孔口面积、孔口数量为计算基准，计算基准按表4.1执行。

表4.1 水闸工程计算基准表

维修养护等级	一	二	三	四	五	六	七	八
流量 Q(m³/s)	15000	7500	4000	2000	750	300	60	20
孔口面积A(m²)	2500	1500	800	520	240	150	40	10
孔口数量(孔)	50	30	20	13	8	6	2	1

水闸工程维修养护项目基准工作（工程）量按表4.2执行。水闸工程专用供电线路维修养护按照电力部门相关标准执行。

表4.2 水闸工程维修养护项目基准工作（工程）量

序号	项目内容	单位	一	二	三	四	五	六	七	八
一	水工建筑物维修养护									
1	土工建筑物维修养护	m³	250.00	250.00	200.00	200.00	150.00	150.00	50.00	50.00
2	石工建筑物维修养护									
2.1	砌石块护坡、翼墙工程维修养护	m³	114.00	77.76	63.36	45.36	30.72	17.70	12.45	7.34

（续表）

序号	项目内容	单位	一	二	三	四	五	六	七	八
2.2	防冲设施抛石处理	m³	25.00	15.00	10.00	5.20	3.20	2.40	1.50	1.00
2.3	反滤、排水设施维修养护	m	150.00	90.00	60.00	31.20	16.00	12.00	8.00	5.00
3	混凝土建筑物维修养护									
3.1	混凝土结构表面裂缝、破损、侵蚀及碳化处理	m²	534.70	320.82	171.11	111.22	51.33	32.08	8.56	2.14
3.2	伸缩缝维修养护	m	15.00	12.00	11.00	9.53	9.00	8.40	4.00	2.00
4	启闭机房维修养护	工日	348.00	221.00	122.00	87.00	35.00	28.00	11.00	6.00
二			闸门维修养护							
1	闸门防腐处理	m²	2500.00	1500.00	800.00	520.00	240.00	150.00	40.00	10.00
2	闸门止水更换	m	200.00	120.00	72.00	46.80	20.80	15.60	3.60	1.60
3	闸门承载及支撑行走装置维修养护	元	按闸门资产的0.5%计算							
三			启闭机维修养护							
1	启闭机整体维修养护	套次	100.00	60.00	40.00	26.00	16.00	12.00	4.00	2.00
2	钢丝绳维修养护	工日	600.00	360.00	240.00	156.00	96.00	72.00	24.00	12.00

（续表）

序号	项目内容	单位	一	二	三	四	五	六	七	八
3	配件更换	元	按启闭机资产的0.5%计算							
四			机电设备维修养护							
1	电动机维修养护	工日	450.00	270.00	180.00	117.00	72.00	54.00	18.00	9.00
2	操作设备维修养护	工日	300.00	180.00	120.00	78.00	48.00	36.00	12.00	6.00
3	变、配电设备维修养护	工日	150.00	90.00	60.00	39.00	24.00	18.00	6.00	3.00
4	输电系统维修养护	工日	96.00	96.00	72.00	72.00	60.00	60.00	24.00	12.00
5	自备发电机组维修养护	元	按实有功率计算							
6	避雷设施维修养护	工日	24.00	23.00	15.00	14.00	6.00	6.00	3.00	3.00
7	配件更换	元	按机电设备资产的1.5%计算							
五			自动控制、监测及监视系统维修养护							
1	计算机自动控制系统维修养护	元	按自动控制设施资产的10%计算							
2	视频监视系统维修养护	元	按视频监视设施资产的12%计算							
3	安全监测系统维修养护	元	按安全监测设施资产的10%计算							
六			附属设施及管理区维修养护							

（续表）

序号	项目内容	单位	一	二	三	四	五	六	七	八
1	房屋维修养护	工日	按实有工程量计取，16.8工日/100 m²							
2	交通桥维修养护	m²	536.00	328.00	172.80	116.80	52.80	41.60	12.00	5.60
3	管理区维护	工日	按实有工程量计取，9工日/100 m²							
4	围墙护栏维修养护	工日	按实有工程量计取，5工日/100 m							
5	标识、标牌维修养护	个	10.00	10.00	10.00	8.00	8.00	5.00	5.00	3.00
6	材料及工器具消耗	元	按1、3、4项费用总和的10%计取							
七			物料动力消耗							
1	电力消耗	千瓦时	76103.33	53241.33	45660.00	44030.13	38358.00	36890.40	4686.00	966.00
2	柴油消耗	kg	12000.00	7210.67	5169.23	2496.00	1600.00	1056.00	100.00	50.00
3	机油消耗	kg	1800.00	1081.60	775.38	374.40	240.00	158.40	52.80	18.00
4	黄油消耗	kg	1666.67	1066.67	1076.92	1040.00	800.00	480.00	200.00	100.00
八			白蚁防治							
1	白蚁预防	工日	24.00	24.00	24.00	24.00	16.00	16.00	8.00	8.00
2	白蚁治理	元	按实际发生的费用计取							
3	材料及工器具消耗	元	按1项费用的10%计取							

（续表）

序号	项目内容	单位	一	二	三	四	五	六	七	八
九	闸室清淤	m³	按实际发生工程量计取							
十	水面杂物及水生生物清理	工日	270.00	270.00	180.00	108.00	108.00	72.00	72.00	36.00
十一	小型水损修复	元	按上一年度水损除险加固费的1.05倍计取							
十二	河道形态与河床演变观测	元	按实际发生的费用计取							
十三	设备等级评定	元	按实际发生的费用计取（新建水闸3年后对闸门、启闭机进行等级评定，以后每3年进行一次）							
十四	安全鉴定	元	按实际发生的费用计取（水闸竣工验收后5年内进行第一次安全鉴定，以后每隔10年进行一次安全鉴定）							
十五	安全管护	工日	312.00	312.00	312.00	312.00	208.00	208.00	104.00	104.00
十六	技术档案整编	工日	50.00	50.00	50.00	50.00	30.00	30.00	10.00	10.00

水闸工程维修养护项目基准工作（工程）量调整系数按表4.3执行。

表4.3　水闸工程维修养护项目基准工作（工程）量调整系数表

编号	影响因素	基准	调整对象	调整系数
一	流量	一～八等水闸计算基准流量分别为15000m³/s、7500m³/s、4000m³/s、2000m³/s、750m³/s、300m³/s、60m²/s和20m³/s	项目序号一（水工建筑物维修养护）	按直线内插法计算，超过范围按直线外延法

（续表）

编号	影响因素	基准	调整对象	调整系数
二	孔口面积	一~八等水闸计算基准孔口面积分别为2500m²、1500m²、800m²、520m²、240m²、150m²、40m²和10m²	项目序号二（闸门维修养护）	按直线内插法计算，超过范围按直线外延法
三	孔口数量	一~八等水闸计算基准孔口数量分别为50孔、30孔、20孔、13孔、8孔、6孔、2孔和1孔	项目序号三（启闭机维修养护）	一~八等水闸每增减1孔，系数分别增减1/50、1/30、1/20、1/13、1/8、1/6、1/2、1
四	启闭机类型	卷扬式启闭机	项目序号三（启闭机维修养护）	螺杆式启闭机系数减少0.3；液压式启闭机系数减少0.1
五	闸门类型	平板钢闸门	项目序号二（闸门维修养护）	弧形钢闸门系数增加0.1；混凝土闸门系数减少0.5；铸铁闸门系数减少0.3
六	运用时间	基准孔数闸门年启闭12次	项目序号七（物料动力消耗）	一~八等水闸单孔闸门启闭次数每增加一次，系数分别增加1/600、1/360、1/240、1/156、1/96、1/72、1/24、1/12
七	流量小于20m³/s的水闸	$Q=20 \text{ m}^3/\text{s}$	八等水闸维修养护定额	$5\text{m}^3/\text{s} \leq Q < 20 \text{ m}^3/\text{s}$，按各项基准相应调整方式计算；$Q < 5 \text{ m}^3/\text{s}$，系数减少0.2

（续表）

编号	影响因素	基准	调整对象	调整系数
八	闸上交通	有交通桥且为开放交通	项目序号六-2（交通桥维修养护）	1. 无交通桥删除调整对象项目内容； 2. 不开放交通系数减少0.8
九	使用年限	工程建成或相应部位除险加固10年以内	项目序号一、六（水工建筑物维修养护、附属设施及管理区维修养护）	每增加1年系数增加0.01

注：（1）检修门按同级别工作闸门费用的20%计列，多扇工作闸门共用一扇检修闸门时，检修闸门按一扇计算，不同类型的检修闸门数量累计计算。

（2）泄洪洞检修事故门按同级别工作闸门费用的40%计列。

4.2 水库工程维修养护项目基准工作（工程）量

水库工程维修养护项目基准工作（工程）量的计算，以各级水库工程坝高和坝长为计算基准，计算基准按表4.4执行。

表4.4 水库工程计算基准表

维修养护等级		一	二	三	四	五	六	七	八
水库坝高H(m)	混凝土坝	100	90	80	70	50	30	20	10
	土石坝	60	40	30	25	20	20	10	10
水库坝长L(m)	混凝土坝	400	400	400	300	300	200	200	100
	土石坝	800	800	800	800	800	300	300	300

水库工程分为混凝土坝和土石坝，维修养护项目基准工作（工程）量分别按表4.5和表4.6执行。水库工程专用供电线路维修养护按电力部门相关标准执行。

表4.5 水库工程（混凝土坝）维修养护项目基准工作（工程）量

序号	项目内容	单位	一	二	三	四	五	六	七	八
一	**大坝主体工程维修养护**									
1	坝体、坝肩及坝基维修养护									
1.1	混凝土结构表面裂缝、渗漏、侵蚀及碳化处理	m^2	1780.50	1722.86	1531.43	1062.60	759.00	337.71	225.14	62.00
1.2	坝肩及坝基维修养护		按实际发生的工程量计取							
1.3	坝体表面保护层维修养护	m^2	1520.00	1520.00	1520.00	1140.00	1140.00	—	—	—
1.4	坝顶路面维修养护	m^2	160.00	160.00	160.00	90.00	90.00	40.00	40.00	20.00
1.5	防浪墙维修养护	m^2	116.00	116.00	116.00	87.00	87.00	58.00	58.00	29.00

（续表）

序号	项目内容	单位	一	二	三	四	五	六	七	八
1.6	伸缩缝、止水及排水设施维修养护	m	120.33	120.30	120.27	90.23	90.17	60.10	60.07	30.03
2	大坝安全监测、监视设施维修养护	元	按大坝安全监测、监视设施资产的12%计算							
3	库区抢险应急设施维修养护	元	按库区抢险应急设施资产的2%计算							
二	溢洪道工程维修养护		相应维修养护标准参照水闸工程维修养护定额标准执行							
三	输、放水设施维修养护		相应维修养护标准参照水闸工程维修养护定额标准执行							
四	坝下消能防冲工程维修养护及河道清淤									

（续表）

序号	项目内容	单位	一	二	三	四	五	六	七	八
1	消能防冲工程及护坎、护岸、护坡工程维修养护									
1.1	坝下消能防冲工程	m^3	120.00	100.00	91.00	63.00	45.00	20.00	13.00	7.00
1.2	护坎、护岸、护坡工程	m^3	50.00	50.00	50.00	20.00	20.00	10.00	10.00	5.00
2	下游河道清淤	m^3	按实际发生的工程量计取							
五	水文及水情测报设施维修养护	元	按水文及水情测报设施固定资产的15%计算							
六	附属设施及管理区维修养护									
1	房屋维修养护	工日	按实有工程量计取，16.8工日/100 m^2							
2	管理区维护									
2.1	管理区绿化及保洁	工日	按实有工程量计取，8.5工日/100 m^2							

（续表）

序号	项目内容	单位	一	二	三	四	五	六	七	八
2.2	库区杂物及近坝库面浪渣清理	工日	690.00	690.00	690.00	492.00	492.00	306.00	306.00	288.00
2.3	管理区道路及排水沟维修养护									
2.3.1	管理区道路维修养护	m²	513.00	421.20	324.00	216.00	216.00	54.00	54.00	54.00
2.3.2	管理区排水沟维修养护	工日	按实有工程量计取，1.5工日/100 m							
2.4	照明设施维修养护	工日	20.00	20.00	20.00	20.00	12.00	12.00	5.00	5.00
3	围墙、护栏、爬梯、扶手维修养护	工日	按实有工程量计取，5工日/100 m							
4	库区生产供电线路维修养护	工日	240.00	216.00	216.00	168.00	168.00	48.00	36.00	24.00
5	材料及工器具消耗	元	按1~4项费用总和的10%计取							
6	标识、标牌维修养护	个	20.00	20.00	20.00	15.00	15.00	5.00	5.00	5.00

（续表）

序号	项目内容	单位	一	二	三	四	五	六	七	八
7	管理信息系统维修养护	元	按管理信息系统固定资产的10%计算							
8	管理区动力消耗	kW·h	20000	18000	16000	14000	12000	10000	8000	6000
七	**安全鉴定**	元	按实际发生的费用计取（首次安全鉴定在竣工验收后5年内进行，以后应每隔10年进行一次）							
八	**小型水损修复**	元	按上一年度水损除险加固费1.05倍计取							
九	**白蚁防治**									
1	白蚁预防	工日	72.00	72.00	72.00	60.00	60.00	24.00	24.00	24.00
2	白蚁治理	元	按实际发生的费用计取							
3	材料及工器具消耗	元	按1项费用的10%计取							
十	**安全管护**									
1	森林防火防虫	m²	按实有面积计取							
2	工程保护	工日	156.00	156.00	156.00	104.00	104.00	52.00	52.00	52.00
十一	**技术档案整编**	工日	70.00	70.00	70.00	50.00	50.00	10.00	10.00	6.00

表4.6 水库工程（土石坝）维修养护项目基准工作（工程）量

序号	项目内容	单位	一	二	三	四	五	六	七	八
一	大坝主体工程维修养护									
1	坝顶维修养护									
1.1	坝顶土方养护修整	m³	288.00	240.00	240.00	192.00	192.00	54.00	45.00	45.00
1.2	坝顶道路维修养护	m²	400.00	320.00	320.00	320.00	240.00	90.00	60.00	60.00
2	坝坡维修养护									
2.1	坝坡土方养护修整	m³	455.37	303.58	227.68	189.74	151.79	56.92	28.46	28.46
2.2	坝坡护坡维修养护									
2.2.1	硬护坡维修养护									
2.2.1.1	硬护坡维修养护	m²	1517.90	1011.93	758.95	632.46	252.98	94.87	47.44	47.44
2.2.1.2	硬护坡杂草清理	工日	24.00	16.00	12.00	10.00	8.00	3.00	2.00	2.00
2.2.2	草皮护坡养护	m²	151789.00	101193.00	75895.00	63246.00	50596.00	18974.00	9487.00	9487.00
2.2.3	草皮护坡补植	m²	1517.90	1011.93	758.95	632.46	505.97	189.74	94.87	94.87

（续表）

序号	项目内容	单位	一	二	三	四	五	六	七	八
3	防浪（洪）墙维修养护		按实有工程量计取							
3.1	墙体维修养护	m^2	100.00	100.00	100.00	100.00	100.00	37.5	—	—
3.2	变形缝维修养护	m	4.80	4.80	4.80	4.80	4.80	1.80	—	—
4	减压及排渗（水）工程维修养护									
4.1	减压及排渗工程维修养护		按实有工程量计取							
4.2	排水沟维修养护	工日	40.00	40.00	40.00	40.00	40.00	16.00	16.00	16.00
5	大坝安全监测、监视设施维修养护	元	按大坝安全监测、监视设施固定资产的12%计算							
6	库区抢险应急设备维修养护	元	按大坝应急设施固定资产的2%计算							
二	溢洪道工程维修养护	元	参照水闸工程维修养护定额标准执行							

（续表）

序号	项目内容	单位	一	二	三	四	五	六	七	八
三	输、放水设施维修养护	元	参照水闸工程维修养护定额标准执行							
四	水文及水情测报设施维修养护	元	按水文及水情测报设施固定资产的15%计算							
五	附属设施及管理区维修养护									
1	房屋维修养护	工日	按实有工程量计取，16.8工日/100㎡							
2	管理区维护									
2.1	管理区绿化及保洁	工日	按实有工程量计取，9工日/100㎡							
2.2	库区杂物及近坝库面浪渣清理	工日	765.00	765.00	765.00	630.00	630.00	324.00	324.00	288.00
2.3	管理区道路及排水沟维修养护									
2.3.1	管理区道路维修养护	㎡	570.00	468.00	360.00	240.00	240.00	60.00	60.00	60.00
2.3.2	管理区排水沟维修养护	工日	按实有工程量计取，1.5工日/100m							

（续表）

序号	项目内容	单位	一	二	三	四	五	六	七	八
2.4	照明设施维修养护	工日	20.00	20.00	20.00	20.00	12.00	12.00	5.00	5.00
3	围墙、护栏、爬梯、扶手维修养护	工日	按实有工程量计取，5工日/100m							
4	库区生产供电线路维修养护	工日	240.00	216.00	216.00	168.00	168.00	48.00	36.00	24.00
5	材料及工器具消耗	元	按1～4项费用总和的10%计取							
6	标识牌、碑桩维修养护	个	20.00	20.00	20.00	15.00	15.00	5.00	5.00	5.00
7	管理信息系统维修养护	元	按管理信息系统固定资产的10%计算							
8	管理区动力消耗	kW·h	15000	14000	12000	11000	9000	8000	6000	4000
六	**安全鉴定**	元	按实际发生的费用计取（首次安全鉴定在竣工验收后5年内进行，以后应每隔10年进行一次）							
七	**小型水损修复**	元	按上一年度水损除险加固费1.05倍计取							
八	**白蚁防治**									
1	白蚁预防	工日	128.00	128.00	128.00	60.00	60.00	24.00	24.00	24.00
2	白蚁治理	元	按实际发生的费用计取							

（续表）

序号	项目内容	单位	一	二	三	四	五	六	七	八
3	材料及工器具消耗	元	按1项费用的10%计取							
九	**安全管护**									
1	森林防火防虫	m²	按实有面积计取							
2	工程保护	工日	156.00	156.00	156.00	104.00	104.00	52.00	52.00	52.00
十	**技术档案整编**	工日	70.00	70.00	70.00	50.00	50.00	10.00	10.00	6.00

水库工程维修养护项目基准工作（工程）量调整系数按表4.7和表4.8执行。

表4.7 水库工程（混凝土坝）维修养护项目基准工作（工程）量调整系数表

编号	影响因素	基准	调整对象	调整系数
一	**水库坝高计 H(m)**	一～八等水库坝高计算基准分别为100m、90m、80m、70m、50m、30m、20m和10m	项目序号一–1.1、1.3（混凝土结构表面裂缝、渗漏、侵蚀及碳化处理，坝体表面保护层维修养护）	每增减1m，系数相应增减1/100、1/90、1/80、1/70、1/50、1/30、1/20和1/10
二	**水库坝长 L(m)**	一～八等水库坝长计算基准分别为400m、400m、400m、300m、300m、200m、200m和100m	项目序号一–1（坝体、坝肩及坝基维修养护）	每增减1m，系数相应增减1/400、1/300、1/200和1/100
三	**坝体表面保护方式**	有表面保护材料层坝体	项目序号一–1.3（坝体表面保护层维修养护）	无表面保护材料层坝体删除调整对象项目内容

（续表）

编号	影响因素	基准	调整对象	调整系数
四	坝顶路面形式	混凝土路面	项目序号一—1.4（坝顶路面维修养护）	沥青路面系数增加0.1；人行步道系数增加0.2
五	使用年限	工程建成或相应部位除险加固10年以内	项目序号一、四-1、六（大坝主体工程维修养护、消能防冲工程及护坎、护岸、护坡工程维修养护、附属设施及管理区维修养护）	每增加1年系数增加0.01

表4.8 水库工程（土石坝）维修养护项目
基准工作（工程）量调整系数表

编号	影响因素	基准	调整对象	调整系数
一	水库坝高 $H(m)$	一～八等水库坝高计算基准分别为60m、40m、30m、25m、20m、20m、10m和10m	项目序号一—2（坝坡维修养护）	每增减1m，系数相应增减1/60、1/40、1/30、1/25、1/20、1/20、1/10和1/10
二	水库坝长 $L(m)$	一～八等水库坝长计算基准分别为800m、800m、800m、800m、800m、300m、300m和300m	项目序号一—1、2、3、4（坝顶维修养护、坝坡维修养护、防浪（洪）墙维修养护、减压及排（渗）水工程维修养护）	每增减1m，系数相应增减1/800和1/300
三	路面结构形式	混凝土路面	项目序号一—1.1、1.2（坝顶土方养护修整、坝顶道路维修养护）	1. 硬化坝顶删除一—1.1（坝顶土方养护修整），沥青路面系数增加0.1；泥结石路面系数增加0.5； 2. 未硬化坝顶删除一—1.2（坝顶道路维修养护）

（续表）

编号	影响因素	基准	调整对象	调整系数
四	硬护坡方式	现浇混凝土护坡	项目序号一–2.2.1（硬护坡维修养护）	干砌块石护坡系数增加1； 浆砌块石、预制块护坡系数增加0.5
五	防浪（洪）墙	有防浪（洪）墙土石坝	项目序号一–3（防浪（洪）墙维修养护）	无防浪（洪）墙土石坝删除调整对象项目内容
六	使用年限	工程建成或相应部位除险加固10年以内	项目序号一、五（大坝主体工程维修养护、附属设施及管理区维修养护）	每增加1年系数增加0.01

4.3 泵站工程维修养护项目基准工作（工程）量

泵站工程维修养护项目基准工作（工程）量的计算，以各级泵站工程装机容量为计算基准，计算基准按表4.9执行。

表4.9 泵站工程计算基准表

维修养护等级	一	二	三	四	五	六	七	八
装机功率 P(kW)	15000	10000	7500	4000	2000	750	300	50

泵站工程维修养护项目基准工作（工程）量按表4.10执行。移动式泵站按实有功率累计计算。泵站工程专用供电线路维修养护按电力部门相关标准执行。

表4.10 泵站工程维修养护项目基准工作（工程）量

序号	项目内容	单位	一	二	三	四	五	六	七	八
一	机电设备维修养护									

（续表）

序号	项目内容	单位	一	二	三	四	五	六	七	八
1	主水泵维修养护	工日	1854.00	1236.00	927.00	494.00	247.00	122.00	49.00	12.00
2	主电动机维修养护	工日	927.00	618.00	463.00	247.00	124.00	61.00	24.00	6.00
3	变电设备维修养护	工日	197.00	131.00	115.00	96.00	48.00	37.00	19.00	8.00
4	输电系统维修养护	工日	99.00	66.00	57.00	48.00	34.00	24.00	9.00	4.00
5	高压开关设备维修养护	工日	120.00	120.00	120.00	96.00	82.00	40.00	16.00	4.00
6	低压电器设备维修养护	工日	120.00	120.00	120.00	96.00	44.00	38.00	15.00	9.00
7	励磁和直流装置维修养护	工日	96.00	96.00	96.00	35.00	18.00	15.00	6.00	3.00
8	保护和自动装置维修养护	工日	96.00	96.00	96.00	52.00	26.00	23.00	9.00	5.00
9	避雷设施维修养护	工日	24.00	24.00	18.00	15.00	9.00	7.00	4.00	2.00

（续表）

序号	项目内容	单位	一	二	三	四	五	六	七	八
10	自备发电机组维修养护		按实有功率计算							
11	配件更换及工器具消耗	元	高压开关及低压电器设备按相应其固定资产的2%计算，其他机电设备按其固定资产的1.5%计算							
二	**辅助设备维修养护**									
1	油、气、水系统维修养护	工日	1197.00	798.00	581.00	320.00	160.00	136.00	55.00	29.00
2	起重设备维修养护	工日	48.00	48.00	36.00	28.00	20.00	18.00	7.00	4.00
3	金属结构维修养护	工日	60.00	60.00	60.00	42.00	21.00	18.00	12.00	8.00
4	配件更换及工器具消耗	元	按辅助设备资产的1%计算							
三	**泵站建筑物维修养护**									
1	泵房维修养护									
1.1	泵房混凝土结构表面处理	m²	810.00	540.00	405.00	216.00	108.00	40.50	16.20	2.70

（续表）

序号	项目内容	单位	一	二	三	四	五	六	七	八
1.2	泵房维护	工日	242.00	161.00	130.00	99.00	66.00	32.00	13.00	4.00
2	进、出水池（渠）维修养护	m³	76.80	69.20	58.40	39.00	30.20	19.80	15.60	12.00
3	进、出水池（渠）清淤	m³	按实际发生的工程量计取							
4	进、出水闸工程维修养护	元	参照水闸工程维修养护定额标准执行							
四	**自动控制、监视、监测系统维修养护**									
1	计算机自动控制系统维修养护	元	按自动控制设施资产的10%计算							
2	视频监视系统维修养护	元	按视频监视设施资产的12%计算							
3	安全监测系统维修养护	元	按安全监测设施资产的10%计算							
五	**附属设施及管理区维修养护**									

（续表）

序号	项目内容	单位	一	二	三	四	五	六	七	八
1	房屋维修养护	工日	按实有工程量计取，16.8工日/100 m²							
2	管理区环境维护	工日	按实有工程量计取，9工日/100 m²							
3	围墙护栏维修养护	工日	按实有工程量计取，5工日/100 m							
4	标识、标牌维修养护	个	10.00	10.00	10.00	8.00	8.00	5.00	5.00	3.00
5	材料及工器具消耗	元	按1~3项费用总和的10%计取							
六	水面杂物及水生生物清理	工日	180.00	180.00	120.00	72.00	72.00	48.00	48.00	24.00
七	物料动力消耗									
1	电力消耗	kW·h	17205.00	11470.00	9356.00	6438.67	4829.00	3018.00	1646.18	754.50
2	柴油消耗	kg	405.00	270.00	195.00	144.00	72.00	28.64	11.45	3.00
3	机油消耗	kg	270.00	180.00	120.00	96.00	48.00	28.64	11.45	3.00
4	黄油消耗	kg	324.00	216.00	150.00	128.00	64.00	33.00	13.00	4.00
八	小型水损修复	元	按上一年度水损除险加固费1.05倍计取							

序号	项目内容	单位	一	二	三	四	五	六	七	八
九	泵站建筑物及设备等级评定	元	按实际发生的费用计取							
十	安全管护	工日	156.00	156.00	156.00	104.00	104.00	104.00	52.00	52.00
十一	技术档案整编	工日	25.00	25.00	25.00	15.00	15.00	10.00	10.00	5.00

泵站工程维修养护项目基准工作（工程）量调整系数按表4.11执行。

表4.11　泵站工程维修养护项目基准工作（工程）量调整系数表

编号	影响因素	基准	调整对象	调整系数
一	装机功率P(kW)	一～八等泵站计算基准装机功率分别为15000kW、10000kW、7500kW、4000kW、2000kW、750kW、300kW和50kW	项目序号一、二、七（机电设备维修养护、辅助设备维修养护、物料动力消耗）	按直线内插法计算，超过范围按直线外延法
二	水泵类型	卧式混流泵	项目序号一-1（主水泵维修养护）	轴流泵系数增加0.1；潜水泵系数增加0.4；离心泵系数减少0.1；若为立式水泵系数增加0.2
三	接触水体	四类水体或含沙量小于5kg/m³	项目序号一-1（主水泵维修养护）	四类水体以下或含沙量大于5kg/m³，系数增加0.05
四	使用年限	工程建成或相应部位更新改造10年以内	项目序号三、五（泵站建筑物维修养护、附属设施及管理区维修养护）	每增加1年系数增加0.01

4.4 河道堤防工程维修养护项目基准工作（工程）量

河道堤防工程维修养护项目基准工作（工程）量的计算，以1000m长度和各级堤防基准断面为计算基准，计算基准按图4.1和表4.12执行。

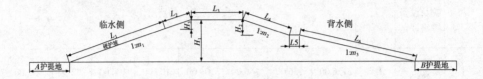

图4.1 河道提防工程基准断面示意图

表4.12 河道堤防工程基准断面参数表

维修养护等级	H_1（m）	H_2（m）	H_3（m）	A（m）	m_1	L_3（m）	m_2	L_5（m）	m_3	B（m）
一	8	3	1	50	3	10	3	2	4.5	30
二	7	3	1	50	3	10	3	2	4.5	30
三	6	3	0.8	30	3	8	3	2	4.5	20
四	5	0	0.8	30	3	8	0	0	3	20
五	4	0	0.7	10	3	6	0	0	3	10
六	3	0	0.7	10	3	6	0	0	3	10
七	3	0	0.6	5	2.5	4	0	0	2.5	5
八	2	0	0.5	5	2.5	4	0	0	2.5	5

河道堤防工程维修养护项目基准工作（工程）量按表4.13执行。

表4.13 河道堤防工程维修养护项目基准工作（工程）量

序号	项目内容	单位	一	二	三	四	五	六	七	八
一	堤顶及防汛道路维修养护									

（续表）

序号	项目内容	单位	一	二	三	四	五	六	七	八
1	堤顶土方养护修整									
2	堤肩土方养护修整	m³	60.00	60.00	60.00	60.00	60.00	60.00	30.00	30.00
3	堤顶防汛道路维修养护	m²	400.00	400.00	300.00	300.00	200.00	200.00	150.00	150.00
4	堤上交通道口维修养护		按实有工程量计取							
二	**堤坡维修养护**									
1	堤坡及戗台土方养护修整	m³	107.10	93.27	77.54	55.03	44.59	35.10	29.08	20.20
2	上、下堤道路土方养护修整	m³	5.77	5.05	3.25	2.71	1.44	1.08	0.81	0.54
3	上、下堤道路面维修养护	m²	9.62	8.42	5.41	4.51	2.41	1.80	1.35	0.90
4	护坡维修养护									
4.1	硬护坡维修养护									
4.1.1	硬护坡维修养护	m²	110.68	94.87	82.22	66.41	52.18	36.37	32.31	20.19

（续表）

序号	项目内容	单位	一	二	三	四	五	六	七	八
4.1.2	硬护坡杂草清除	工日	8.00	8.00	8.00	8.00	6.00	6.00	3.00	3.00
4.2	草皮护坡养护	m²	35697.97	31088.20	25845.97	18341.21	14862.71	11700.43	9693.30	6731.46
4.3	草皮护坡补植	m²	356.98	310.88	258.46	183.41	148.63	117.01	96.94	67.32
三	堤身内部维修养护	元	按实际发生的费用计取							
四	防浪（洪）墙维修养护		按实有工程量计取							
1	墙体维修养护	m²	125.00	125.00	105.00	105.00	87.5	87.5	75.00	75.00
2	伸缩缝维修养护	m	6.00	6.00	6.00	6.00	6.00	6.00	6.00	6.00
五	减压及排渗（水）工程维修养护		按实有工程量计取							
1	减压及排渗工程维修养护	工日	4.00	4.00	4.00	4.00	4.00	4.00	4.00	4.00
2	排水沟维修养护	工日	6.00	6.00	6.00	4.00	4.00	2.00	2.00	2.00

（续表）

序号	项目内容	单位	一	二	三	四	五	六	七	八
六	**护堤地维修养护**									
1	护堤地养护修整	工日	5.00	5.00	4.00	4.00	3.00	3.00	2.00	2.00
2	护堤地林木养护		按实有工程量计取							
2.1	防浪林养护		按实有工程量计取							
2.2	护堤林养护		按实有工程量计取							
七	**穿堤涵(闸)工程维修养护**		参照水闸工程维修养护定额标准执行，按实有数量计取							
八	**河道工程维修养护**		按实有工程量计取							
1	河岸防护工程维修养护									
1.1	抛石护岸整修	工日	20.00	20.00	20.00	20.00	15.00	15.00	10.00	10.00
1.2	护坎护坡工程维修养护	工日	28.00	28.00	28.00	28.00	20.00	20.00	6.00	6.00
2	河道、河床监测									

序号	项目内容	单位	一	二	三	四	五	六	七	八
2.1	近岸河床冲淤变化观测	元	按实际发生费用计							
2.2	崩岸预警监测	元	按实际发生费用计							
2.3	护岸工程监测	元	按实际发生的费用计取							
九	**附属设施及管理区维修养护**									
1	房屋维修养护	工日	按实有工程量计取，16.8工日/100 m²							
2	标识牌、碑桩、拦车墩维修养护	个	13.00	13.00	13.00	13.00	13.00	13.00	9.00	9.00
3	材料及工器具消耗	元	按1项费用的10%计取							
4	监视、监控及通信系统维修养护	元	按监视、监控及通信系统设施资产的10%计算							
十	**防汛抢险物料维护**	工日	2.00	2.00	2.00	2.00	2.00	2.00	1.00	1.00
十一	**小型水损修复**	元	按上一年度水损除险加固费1.05倍计取							

（续表）

序号	项目内容	单位	一	二	三	四	五	六	七	八
十二	堤身隐患探测	元	按实际发生的费用计取							
十三	白蚁防治									
1	白蚁预防	工日	8.00	8.00	6.00	6.00	4.00	4.00	2.00	2.00
2	白蚁治理	元	按实际发生的费用计取							
3	材料及工器具消耗	元	按1项费用的10%计取							
十四	河道堤防沿线环境维护	工日	24.00	24.00	24.00	24.00	12.00	12.00	6.00	6.00
十五	水文及水情测报设施维修养护	元	按水文及水情测报设施固定资产的15%计算							
十六	安全管护	工日	8.00	8.00	8.00	8.00	8.00	8.00	8.00	8.00
十七	技术档案整编	工日	—	—	—	—	—	—	—	—

河道堤防工程维修养护项目基准工作（工程）量调整系数按表4.14执行。

表4.14 河道堤防工程维修养护项目基准工作（工程）量调整系数表

编号	影响因素	基准	调整对象	调整系数
一	堤防断面	各维修养护等级基准断面	项目序号一-1、3、二-1、二-4（堤顶土方养护修整、堤顶防汛道路维修养护、堤坡及戗台土方养护修整、护坡维修养护）	由于堤高，堤顶宽度，堤坡坡比变化致使堤防断面轮廓线$\sum Ln$产生变化，则各调整对象相应调整比例为$\Delta Ln/Ln$，仅针对调整对象范围内发生的变化进行调整
二	土质类别	壤性土质	项目序号二-1、二-2（堤坡及戗台土方养护修整、上堤道路土方养护修整）	黏性土质系数减少0.2；沙性、粉性土质系数增加0.2
三	堤顶硬化	硬化堤顶	项目序号一-1、2、3（堤顶土方养护修整、堤肩土方养护修整、堤顶防汛道路维修养护）	未硬化堤顶删除项目序号一-2、3（堤肩土方养护修整、堤顶防汛道路维修养护）并且项目序号一-1（堤顶土方养护修整）相应增加$300m^3$、$300m^3$、$240m^3$、$240m^3$、$180m^3$、$180m^3$、$120m^3$、$120m^3$
四	护坡方式	硬护坡形式（L_1）	项目序号二-4.1（硬护坡维修养护）	无硬护坡形式删除调整对象项目内容
		现浇混凝土护坡	项目序号二-4.1（硬护坡维修养护）	干砌砌石砌块护坡系数增加1；浆砌砌石砌块护坡系数增加0.5
五	路面结构形式	沥青路面	项目序号一-3、、二-3（堤顶防汛道路维修养护、上堤道路路面维修养护）	混凝土路面系数增加0.1；泥结石路面系数增加0.3

注：无提防段按同等级河道堤防工程维修养护定额基准标准的50%计列。

4.5 灌区工程维修养护项目基准工作（工程）量

灌区工程维修养护项目基准工作（工程）量的计算，灌排渠沟工程和灌排建筑物以流量、长度和数量为计算基准，田间工程和附属工程以面积为计算基准，具体计算基准如下。

（1）灌排渠沟工程和灌排建筑物设计过水流量计算基准按表4.15执行。

表4.15 设计过水流量计算基准表

维修养护等级	一	二	三	四	五	六	七	八
设计过水流量Q（m³/s）	300	200	75	35	15	8	4	1

（2）灌排渠沟工程以1000m长度为计算基准。

（3）渡槽工程、倒虹吸工程、地下涵工程、滚水坝工程、橡胶坝工程以100m长度为计算基准。

（4）生产、交通桥，跌水陡坡以单座为计算基准。

（5）田间工程以100亩为计算基准。

灌区工程维修养护项目基准工作（工程）量按表4.16执行。

表4.16 灌区工程维修养护项目基准工作（工程）量

序号	项目内容	单位	一	二	三	四	五	六	七	八
一	灌排渠沟工程维修养护									
1	渠（沟）顶维修养护									
1.1	渠（沟）肩土方维修养护	m³	90.00	90.00	90.00	90.00	60.00	60.00	60.00	60.00

（续表）

序号	项目内容	单位	一	二	三	四	五	六	七	八
1.2	渠（沟）顶道路维修养护	m²	140.00	140.00	140.00	140.00	120.00	120.00	80.00	80.00
2	渠（沟）边坡维修养护									
2.1	渠（沟）边坡土方维修养护	m³	31.63	31.63	18.98	18.98	15.81	15.81	12.65	12.65
2.2	渠（沟）护坡或衬砌工程维修养护									
2.2.1	硬护坡或防渗衬砌工程维修养护									
2.2.1.1	硬护坡或防渗衬砌工程维修养护	m²	134.63	134.63	80.78	80.78	67.31	67.31	53.85	53.85
2.2.1.2	表面杂草清理	工日	4.00	4.00	4.00	4.00	2.00	2.00	2.00	2.00
2.2.2	生态护坡维修养护	m²	16127.62	16127.62	9676.57	9676.57	8063.81	8063.81	6451.05	6451.05

（续表）

序号	项目内容	单位	一	二	三	四	五	六	七	八
3	导渗及排渗工程维修养护	m³	按实有工程量计取							
4	护堤林（地）维修养护	m²	按实有工程量计取							
5	渠沟清淤	m³	按实际发生的工程量计取							
6	水生生物清理	工日	36.00	24.00	16.00	12.00	4.00	4.00	2.00	2.00
二	**灌排建筑物维修养护**									
1	渡槽工程维修养护									
1.1	进出口段及槽台维修养护	m³	—	300.00	120.00	60.00	30.00	25.00	20.00	15.00
1.2	结构表面裂缝、破损、侵蚀处理	m²	—	267.30	188.22	147.47	130.98	92.50	59.13	36.33
1.3	伸缩缝维修养护	m	—	35.00	30.00	20.00	15.00	8.00	6.00	5.00
1.4	护栏维修养护	m	—	200.00	200.00	200.00	200.00	200.00	200.00	200.00

（续表）

序号	项目内容	单位	一	二	三	四	五	六	七	八
2	倒虹吸工程维修养护									
2.1	进出口段维修养护	m³	—	150.00	100.00	50.00	35.00	27.00	25.00	20.00
2.2	结构表面裂缝、破损、侵蚀处理	m²	—	5.00	5.00	3.00	2.50	2.00	1.50	1.50
2.3	伸缩缝维修养护	m	—	35.00	30.00	20.00	10.00	5.00	3.00	2.00
2.4	拦污栅维修养护	m²	—	43.00	43.00	5.00	4.00	3.00	2.00	1.00
2.5	倒虹吸清淤	m³	按实际发生的工程量计取							
3	地下涵工程维修养护									
3.1	进出口段维修养护	m³	—	100.00	100.00	50.00	40.00	30.00	26.00	23.00
3.2	结构表面裂缝、破损、侵蚀处理	m²	—	6.00	4.50	3.00	2.00	1.50	1.00	1.00
3.3	伸缩缝维修养护	m	—	20.00	20.00	10.00	5.00	3.00	2.00	1.50

（续表）

序号	项目内容	单位	一	二	三	四	五	六	七	八
3.4	拦污栅维修养护	m^2	—	23.00	23.00	15.00	14.00	14.00	13.00	13.00
3.5	地下涵清淤	m^3	按实际发生的工程量计取							
4	滚水坝工程维修养护									
4.1	结构表面裂缝、破损、侵蚀处理	m^2	102.00	80.80	60.40	40.80	17.00	8.60	—	—
4.2	伸缩缝维修养护	m	2.50	2.50	2.00	2.00	1.50	1.50	—	—
4.3	消能防冲设施维修养护	m^3	6.80	5.10	3.92	2.56	1.70	1.00	—	—
4.4	反滤及排水设施维修养护	m^3	1.00	1.00	0.70	0.70	0.20	0.20	—	—
5	橡胶坝工程									
5.1	橡胶袋维修养护	m^2	2.00	1.50	1.00	0.50	—	—	—	—
5.2	底板、护坡及岸、翼墙维修养护	m^3	35.00	30.00	25.00	20.00	—	—	—	—
5.3	金结、机电及控制设备维修养护	元	按金结、机电及控制设备固定资产的10%计算							

（续表）

序号	项目内容	单位	一	二	三	四	五	六	七	八
6	生产、交通桥（涵）维修养护									
6.1	桥面道路维修养护	m²/座	18.00	18.00	9.60	9.20	7.00	6.65	5.25	5.25
6.2	连接段及桥台维修养护	m²/座	3.60	3.60	1.92	1.84	1.40	1.33	1.05	1.05
6.3	护栏维修养护	m²/座	21.99	17.19	11.75	9.35	5.71	5.23	4.00	3.52
7	跌水陡坡维修养护	座	按实有工程量计取							
8	量水设施维修养护									
8.1	量水标准断面维修养护	工日	12.00	10.00	8.00	8.00	6.00	6.00	4.00	4.00
8.2	量水设备维修养护	元	按量水设施资产的4%计算							
9	其他设施维护	地	按其设施资产的2%计算							
三	田间工程维修养护	工日/百亩	3.00	3.00	3.00	3.00	3.00	3.00	3.00	3.00

（续表）

序号	项目内容	单位	一	二	三	四	五	六	七	八
四	**附属工程及管理区维修养护**									
1	房屋维修养护	工日	按实有工程量计取，16.8工日/100 m²							
2	管理区维护	工日	按实有工程量计取，9工日/100 m²							
3	标识牌、碑桩维修养护	个	9.00	9.00	8.00	8.00	7.00	6.00	5.00	5.00
4	防汛抢险物料维护	工日	2.00	2.00	2.00	2.00	1.00	1.00	1.00	1.00
5	材料及工器具消耗	元	按1、2、4项费用总和的10%计算							
6	监视、监控及通信系统维修养护	元	按监视、监控及通信系统固定资产的10%计算							
五	**渠沟及建筑物观测、监测维修养护**	元	按观测、监测设施设备固定资产的10%计算							
六	**渠沟沿线环境治理**	工日	12.00	12.00	12.00	12.00	12.00	12.00	12.00	12.00
七	**小型水损修复**	元	按上一年度水损除险加固费1.05倍计取							
八	**白蚁防治**									

序号	项目内容	单位	一	二	三	四	五	六	七	八
1	白蚁预防	工日/公里	8.00	8.00	6.00	6.00	4.00	4.00	2.00	2.00
2	白蚁治理	元	按实际发生的费用计取							
3	材料及工器具消耗	元	按1项费用的10%计取							
九	安全管护	工日	8.00	8.00	8.00	8.00	8.00	8.00	8.00	8.00
十	技术档案整编	工日	—	—	—	—	—	—	—	—

灌区工程维修养护基准工作（工程）量调整系数按表4.17执行。

表4.17 灌区工程维修养护基准工作（工程）量调整系数表

序号	影响因素	基准	调整对象	调整系数
一	设计过水流量	一～八级灌排沟渠工程和灌排建筑物工程计算基准流量分别为300m³/s、200m³/s、75m³/s、35m³/s、15m³/s、8m³/s、4m³/s、1m³/s	项目序号一、二（灌排沟渠工程维修养护、灌排建筑物维修养护）	按直线内插法或外延法计算
二	渠顶硬化	硬化渠顶	项目序号一—1.1、1.2（渠（沟）肩土方维修养护、渠（沟）顶道路维修养护）	未硬化渠顶删除调整对象项目内容并且增加渠（沟）顶土方养护修整，相应工程量分别为300m³、300m³、240m³、240m³、180m³、180m³、120m³、120m³
三	渠顶路面形式	砂石路面	项目序号一—1.2（渠顶道路维修养护）	混凝土路面系数减少0.5

（续表）

序号	影响因素	基准	调整对象	调整系数
四	**渠沟有无护坡和衬砌工程**	有护坡和衬砌工程渠沟	项目序号一--2.1、2.2（渠(沟)边坡土方维修养护、渠道护坡或衬砌工程维修养护）	无护坡和衬砌工程渠沟删除项目序号一--2.2（渠道护坡或衬砌工程维修养护）并且项目序号一--2.1（渠(沟)边坡土方维修养护）系数增加9
五	**使用年限**	工程建成或相应续建配套完成10年以内	项目序号一、二（灌排沟渠工程维修养护、灌排建筑物维修养护）	每增加1年系数增加0.01

附　录　水利工程维修养护定额基准标准

附　录　1　水闸工程维修养护定额基准标准

水闸工程维修养护定额基准标准见附表1.1所列（总计费用不包含二-3、三-3、四-5、四-7、五、八-2、九、十一、十二、十三、十四项目序号的内容）。

附表1.1　水闸工程维修养护定额基准标准

单位：元/（座·年）

序号	项目名称	单位	一	二	三	四	五	六	七	八
	总　计	元	1306574.55	849066.43	556436.38	398532.51	243285.40	193465.80	66452.92	40657.59
一	水工建筑物维修养护	元	161702.98	106455.66	69624.93	50162.82	28988.50	21097.44	9983.85	6404.18
1	土工建筑物维修养护	元	10037.50	10037.50	8030.00	8030.00	6022.50	6022.50	2007.50	2007.50
2	石工建筑物维修养护	元	56130.97	37148.61	29036.55	19700.80	12964.89	7743.97	5385.46	3213.68
2.1	砌石砌块护坡翼墙工程维修养护	元	42263.22	28827.96	23489.45	16816.31	11388.83	6561.92	4615.59	2721.16
2.2	防冲设施破坏抛石处理	元	4539.25	2723.55	1815.70	944.16	581.02	435.77	272.36	181.57

（续表）

序号	项目名称	单位	一	二	三	四	五	六	七	八
2.3	反滤排水设施维修养护	元	9328.50	5597.10	3731.40	1940.33	995.04	746.28	497.52	310.95
3	混凝土工程维修养护	元	46814.51	28329.54	15478.38	10252.01	5101.11	3410.97	1050.88	343.00
3.1	混凝土结构表面裂缝、破损、侵蚀及碳化处理	元	45610.31	27366.18	14595.30	9486.94	4378.59	2736.62	729.76	182.44
3.2	伸缩缝维修养护	元	1204.20	963.36	883.08	765.07	722.52	674.35	321.12	160.56
4	启闭机房维修养护	元	48720.00	30940.00	17080.00	12180.00	4900.00	3920.00	1540.00	840.00
二	**闸门维修养护**	元	370006.00	222003.60	121610.16	79046.60	36162.22	23644.07	6080.51	1800.85
1	闸门防腐处理	元	289800.00	173880.00	92736.00	60278.40	27820.80	17388.00	4636.80	1159.20
2	闸门止水更换	元	80206.00	48123.60	28874.16	18768.20	8341.42	6256.07	1443.71	641.65
3	闸门承载及支撑行走装置维修养护	元	按闸门资产的0.5%计算							
三	**启闭机维修养护**	元	186544.00	108424.80	60561.20	39364.78	20387.52	15290.64	4561.60	2280.80

（续表）

序号	项目名称	单位	一	二	三	四	五	六	七	八
1	启闭机维修养护	元	102544.00	58024.80	26961.20	17524.78	6947.52	5210.64	1201.60	600.80
2	钢丝绳维修养护	元	84000.00	50400.00	33600.00	21840.00	13440.00	10080.00	3360.00	1680.00
3	配件更换	元	按启闭机资产的0.5%计算							
四	**机电设备维修养护**	元	172200.00	110840.00	75120.00	53540.00	35040.00	28920.00	10440.00	5460.00
1	电动机维修养护	元	81000.00	48600.00	32400.00	21060.00	12960.00	9720.00	3240.00	1620.00
2	操作设备维修养护	元	48000.00	28800.00	19200.00	12480.00	7680.00	5760.00	1920.00	960.00
3	变、配电设备维修养护	元	24000.00	14400.00	9600.00	6240.00	3840.00	2880.00	960.00	480.00
4	输电系统维修养护	元	15360.00	15360.00	11520.00	11520.00	9600.00	9600.00	3840.00	1920.00
5	自备发电机组维修养护	元	按实有功率计算							
6	避雷设施维修养护	元	3840.00	3680.00	2400.00	2240.00	960.00	960.00	480.00	480.00
7	配件更换	元	按机电设备资产的1.5%计算							

（续表）

序号	项目名称	单位	一	二	三	四	五	六	七	八
五	自动控制、监测及监视系统维修养护									
1	计算机自动控制系统维修养护	元	按自动控制设施资产的10%计算							
2	视频监视系统维修养护	元	按视频监视设施资产的12%计算							
3	安全监测系统维修养护	元	按安全监测设施资产的10%计算							
六	附属设施及管理区维修养护	元	167018.64	115144.72	76034.67	54108.27	30032.11	22723.38	7035.48	4266.18
1	房屋维修养护	元	55860.00	43120.00	34020.00	24920.00	14420.00	9800.00	3080.00	1960.00
2	交通桥维修养护	元	45688.64	27958.72	14729.47	9956.03	4500.67	3545.98	1022.88	477.34
3	管理区维护	元	47700.00	29400.00	15700.00	10700.00	5000.00	3900.00	1200.00	700.00
4	围墙护栏维修养护	元	6552.00	6552.00	5824.00	4368.00	3640.00	3640.00	1092.00	728.00

（续表）

序号	项目名称	单位	一	二	三	四	五	六	七	八
5	标识、标牌维修养护	元	206.80	206.80	206.80	165.44	165.44	103.40	103.40	62.04
6	材料及工器具消耗	元	11011.20	7907.20	5554.40	3998.80	2306.00	1734.00	537.20	338.80
七	物料动力消耗	元	174910.93	112005.65	88293.42	64318.04	50747.04	43462.27	6087.48	1781.58
1	电力消耗	元	66970.93	46852.37	40180.80	38746.52	33755.04	32463.55	4123.68	850.08
2	柴油消耗	元	89640.00	53863.68	38614.15	18645.12	11952.00	7888.32	747.00	373.50
3	机油消耗	元	10800.00	6489.60	4652.31	2246.40	1440.00	950.40	316.80	108.00
4	黄油消耗	元	7500.00	4800.00	4846.15	4680.00	3600.00	2160.00	900.00	450.00
八	白蚁防治	元	4752.00	4752.00	4752.00	4752.00	3168.00	3168.00	1584.00	1584.00
1	白蚁预防	元	4320.00	4320.00	4320.00	4320.00	2880.00	2880.00	1440.00	1440.00
2	白蚁治理	元	按实际发生的费用计取							
3	材料及工器具消耗	元	432.00	432.00	432.00	432.00	288.00	288.00	144.00	144.00
九	闸室清淤		按实际发生的工程量计取							
十	水面杂物及水生生物清理	元	27000.00	27000.00	18000.00	10800.00	10800.00	7200.00	7200.00	3600.00

（续表）

序号	项目名称	单位	一	二	三	四	五	六	七	八
十一	小型水损修复	元	按上一年度水损除险加固费1.05倍计取							
十二	河道形态与河床演变观测	元	按实际发生的费用计取							
十三	设备等级评定	元	按实际发生的费用计取（新建水闸3年后对闸门、启闭机进行等级评定，以后每3年进行一次）							
十四	安全鉴定	元	按实际发生的费用计取（水闸竣工验收后5年内进行第一次安全鉴定，以后每隔10年进行一次安全鉴定）							
十五	安全管护	元	37440.00	37440.00	37440.00	37440.00	24960.00	24960.00	12480.00	12480.00
十六	技术档案整编	元	5000.00	5000.00	5000.00	5000.00	3000.00	3000.00	1000.00	1000.00

附　录　2　水库工程维修养护定额基准标准

水库工程（混凝土坝）维修养护定额基准标准和水库工程（土石坝）维修养护定额基准标准分别见附表2.1（总计费用不包含一–1.2、一–2、一–3、二、三、四–2、五、六–7、七、八、九–2、十–1项目序号的内容）和附表2.2（总计费用不包含一–1.1、一–4.1、一–5、一–6、二、三、四、五–7、六、七、八–2、九–1项目序号的内容）。

附表2.1　水库工程（混凝土坝）维修养护定额基准标准

单位：元/（座·年）

序号	项目名称	单位	一	二	三	四	五	六	七	八
	总　计	元	1253574.51	1186961.03	1060844.57	740573.83	603681.68	256325.81	200592.95	115869.79
一	大坝主体工程维修养护	合计	816407.08	791842.54	710266.06	493509.09	364131.21	155928.45	107956.59	32428.50

（续表）

序号	项目名称	单位	一	二	三	四	五	六	七	八
1	坝体坝肩及坝基维修养护	元	816407.08	791842.54	710266.06	493509.09	364131.21	155928.45	107956.59	32428.50
1.1	混凝土结构表面裂缝、渗漏、侵蚀及碳化处理	元	758724.47	734162.33	652588.27	452805.74	323432.67	143908.36	95938.91	26420.06
1.2	坝肩及坝基维修养护	m³	按实际发生的工程量计取							
1.3	坝体表面保护层维修养护	元	26812.80	26812.80	26812.80	20109.60	20109.60	—	—	—
1.4	坝顶路面维修养护	元	13638.40	13638.40	13638.40	7671.60	7671.60	3409.60	3409.60	1704.80
1.5	防浪墙维修养护	元	7571.32	7571.32	7571.32	5678.49	5678.49	3785.66	3785.66	1892.83
1.6	伸缩缝、止水及排水设施维修养护	元	9660.09	9657.68	9655.28	7243.66	7238.85	4824.83	4822.42	2410.81
2	大坝安全监测、监视设施维修养护	元	按大坝安全监测、监视设施资产的12%计算							

（续表）

序号	项目内容	单位	一	二	三	四	五	六	七	八
3	库区抢险应急设施维修养护	元	按库区抢险应急设施资产的2%计算							
二	溢洪道工程维修养护	元	相应维修养护标准参照水闸工程维修养护定额标准执行							
三	输、放水设施维修养护	元	相应维修养护标准参照水闸工程维修养护定额标准执行							
四	坝下消能防冲工程维修养护及河道清淤	合计	40324.90	36693.50	35059.37	18853.51	15585.25	7338.70	6067.71	3124.64
1	消能防冲工程及护坎、护岸、护坡工程维修养护	元	40324.90	36693.50	35059.37	18853.51	15585.25	7338.70	6067.71	3124.64
1.1	坝下消能防冲工程	元	21788.40	18157.00	16522.87	11438.91	8170.65	3631.40	2360.41	1270.99
1.2	护坎、护岸、护坡工程	元	18536.50	18536.50	18536.50	7414.60	7414.60	3707.30	3707.30	1853.65
2	下游河道清淤	m³	按实际发生的工程量计取							

（续表）

序号	项目内容	单位	一	二	三	四	五	六	七	八
五	水文及水情测报设施维修养护	元	按水文及水情测报设施固定资产的15%计算							
六	附属设施及管理区维修养护	合计	356866.53	318449.00	275543.14	198851.22	194605.22	81066.66	74576.66	68724.66
1	房屋维修养护	元	71680.00	64400.00	49560.00	34860.00	34860.00	9380.00	9380.00	9380.00
2	管理区维护	元	187468.12	166663.09	145357.76	101251.84	99971.84	44622.96	43502.96	41702.96
2.1	管理区绿化及保洁	元	58100.00	47500.00	37000.00	24700.00	24700.00	6100.00	6100.00	6100.00
2.2	库区杂物及近坝库面浪渣清理	元	69000.00	69000.00	69000.00	49200.00	49200.00	30600.00	30600.00	28800.00
2.3	管理区道路及排水沟维修养护	元	57168.12	46963.09	36157.76	24151.84	24151.84	6002.96	6002.96	6002.96
2.3.1	管理区道路维修养护	元	43728.12	35903.09	27617.76	18411.84	18411.84	4602.96	4602.96	4602.96
2.3.2	管理区排水沟维修养护	元	13440.00	11060.00	8540.00	5740.00	5740.00	1400.00	1400.00	1400.00

（续表）

序号	项目内容	单位	一	二	三	四	五	六	七	八
2.4	照明设施维修养护	元	3200.00	3200.00	3200.00	3200.00	1920.00	1920.00	800.00	800.00
3	围墙、护栏、爬梯、扶手维修养护	元	10500.00	9100.00	7840.00	6300.00	5320.00	3920.00	2660.00	2660.00
4	库区生产供电线路维修养护	元	38400.00	34560.00	34560.00	26880.00	26880.00	7680.00	5760.00	3840.00
5	材料及工器具消耗	元	30804.81	27472.31	23731.78	16929.18	16703.18	6560.30	6130.30	5758.30
6	标识牌、碑桩维修养护	元	413.60	413.60	413.60	310.20	310.20	103.40	103.40	103.40
7	管理信息系统维修养护	元	按管理信息系统固定资产的10%计算							
8	管理区动力消耗	元	17600.00	15840.00	14080.00	12320.00	10560.00	8800.00	7040.00	5280.00
七	**安全鉴定**	元	按实际发生的费用计取（首次安全鉴定在竣工验收后5年内进行，以后应每隔10年进行一次）							
八	**小型水损修复**	元	按上一年度水损除险加固费1.05倍计取							

（续表）

序号	项目内容	单位	一	二	三	四	五	六	七	八
九	**白蚁防治**	合计	14256.00	14256.00	14256.00	11880.00	11880.00	4752.00	4752.00	4752.00
1	白蚁预防	元	12960.00	12960.00	12960.00	10800.00	10800.00	4320.00	4320.00	4320.00
2	白蚁治理	元	按实际发生的费用计取							
3	材料及工器具消耗	元	1296.00	1296.00	1296.00	1080.00	1080.00	432.00	432.00	432.00
十	**安全管护**	元	18720.00	18720.00	18720.00	12480.00	12480.00	6240.00	6240.00	6240.00
1	森林防火防虫	元	按实有面积计取							
2	工程防护	元	18720.00	18720.00	18720.00	12480.00	12480.00	6240.00	6240.00	6240.00
十一	**技术档案整编**	元	7000.00	7000.00	7000.00	5000.00	5000.00	1000.00	1000.00	600.00

附表2.2　水库工程（土石坝）维修养护定额基准标准

单位：元/（座·年）

序号	项目内容	单位	一	二	三	四	五	六	七	八
	总　计	元	786153.51	634217.98	535843.87	416839.30	349425.03	135411.00	109541.82	99153.82
一	**大坝主体工程维修养护**	合计	364628.43	251802.83	198799.23	172297.74	109129.47	41063.76	21684.58	21684.58
1	坝顶维修养护	元	34096.00	27276.80	27276.80	27276.80	20457.60	7671.60	5114.40	5114.40

（续表）

序号	项目内容	单位	一	二	三	四	五	六	七	八
1.1	坝顶土方养护修整	元	6742.08	5618.40	5618.40	4494.72	4494.72	1264.14	1053.45	1053.45
1.2	坝顶道路维修养护	元	34096.00	27276.80	27276.80	27276.80	20457.60	7671.60	5114.40	5114.40
2	坝坡维修养护	元	318020.09	212013.69	159010.08	132508.59	76159.53	28560.03	14330.18	14330.18
2.1	坝坡土方养护修整	元	21179.17	14119.51	10589.58	8824.62	7059.66	2647.35	1323.67	1323.67
2.2	坝坡护坡维修养护	元	296840.92	197894.18	148420.50	123683.97	69099.87	25912.68	13006.50	13006.50
2.2.1	硬护坡维修养护	元	181481.25	120987.50	90740.33	75617.04	30646.88	11492.47	5796.38	5796.38
2.2.1.1	硬护坡维修养护	元	179081.25	119387.50	89540.33	74617.04	29846.88	11192.47	5596.38	5596.38
2.2.1.2	硬护坡杂草清理	元	2400.00	1600.00	1200.00	1000.00	800.00	300.00	200.00	200.00
2.2.2	草皮护坡养护	元	106252.30	70835.10	53126.50	44272.20	35417.20	13281.80	6640.90	6640.90
2.2.3	草皮护坡补植	元	9107.37	6071.58	4553.67	3794.73	3035.79	1138.41	569.22	569.22
3	防浪（洪）墙维修养护	元	6912.34	6912.34	6912.34	6912.34	6912.34	2592.13	—	—
3.1	墙体维修养护	元	6527.00	6527.00	6527.00	6527.00	6527.00	2447.63	—	—

（续表）

序号	项目内容	单位	一	二	三	四	五	六	七	八
3.2	变形缝维修养护	元	385.34	385.34	385.34	385.34	385.34	144.50	—	—
4	减压及排渗（水）工程维修养护	元	5600.00	5600.00	5600.00	5600.00	5600.00	2240.00	2240.00	2240.00
4.1	减压及排渗工程维修养护	元	按实有工程量计取							
4.2	排水沟维修养护	元	5600.00	5600.00	5600.00	5600.00	5600.00	2240.00	2240.00	2240.00
5	大坝安全监测、监视设施维修养护	元	按大坝安全监测、监视设施固定资产的12%计算							
6	库区抢险应急设备维修养护	元	按大坝应急设施固定资产的2%计算							
二	溢洪道工程维修养护	元	相应维修养护标准参照水闸工程维修养护定额标准执行							
三	输、放水设施维修养护	元	相应维修养护标准参照水闸工程维修养护定额标准执行							
四	水文及水情测报设施维修养护	元	按水文及水情测报设施固定资产的15%计算							

（续表）

序号	项目内容	单位	一	二	三	四	五	六	七	八
五	**附属设施及管理区维修养护**	合计	370461.08	331351.15	285980.64	215181.56	210935.56	82355.24	75865.24	65877.24
1	房屋维修养护	元	71680.00	64400.00	49560.00	34860.00	34860.00	9380.00	9380.00	9380.00
2	管理区维护	元	203826.80	181592.32	158046.40	118497.60	117217.60	47394.40	46274.40	42674.40
2.1	管理区绿化及保洁	元	63500.00	52200.00	40100.00	26800.00	26800.00	6700.00	6700.00	6700.00
2.2	库区杂物及近坝库面浪渣清理	元	76500.00	76500.00	76500.00	63000.00	63000.00	32400.00	32400.00	28800.00
2.3	管理区道路及排水沟维修养护	元	60626.80	49692.32	38246.40	25497.60	25497.60	6374.40	6374.40	6374.40
2.3.1	管理区道路维修养护	元	48586.80	39892.32	30686.40	20457.60	20457.60	5114.40	5114.40	5114.40
2.3.2	管理区排水沟维修养护	元	12040.00	9800.00	7560.00	5040.00	5040.00	1260.00	1260.00	1260.00
2.4	照明设施维修养护	元	3200.00	3200.00	3200.00	3200.00	1920.00	1920.00	800.00	800.00

（续表）

序号	项目内容	单位	一	二	三	四	五	六	七	八
3	围墙、护栏、爬梯、扶手维修养护	元	10500.00	9100.00	7840.00	6300.00	5320.00	3920.00	2660.00	700.00
4	库区生产供电线路维修养护	元	38400.00	34560.00	34560.00	26880.00	26880.00	7680.00	5760.00	3840.00
5	材料及工器具消耗	元	31414.68	28122.83	24352.64	18221.76	17995.76	6729.44	6299.44	5551.44
6	标识牌、碑桩维修养护	元	413.60	413.60	413.60	310.20	310.20	103.40	103.40	103.40
7	管理信息系统维修养护	元	按管理信息系统固定资产的10%计算							
8	管理区动力消耗	元	13200.00	12320.00	10560.00	9680.00	7920.00	7040.00	5280.00	3520.00
六	**安全鉴定**	元	按实际发生的费用计取（首次安全鉴定在竣工验收后5年内进行，以后应每隔10年进行一次）							
七	**小型水损修复**	元	按上一年度水损除险加固费1.05倍计取							
八	**白蚁防治**	合计	25344.00	25344.00	25344.00	11880.00	11880.00	4752.00	4752.00	4752.00
1	白蚁预防	元	23040.00	23040.00	23040.00	10800.00	10800.00	4320.00	4320.00	4320.00

（续表）

序号	项目内容	单位	一	二	三	四	五	六	七	八
2	白蚁治理	元	按实际发生的费用计取							
3	材料及工器具消耗	元	2304.00	2304.00	2304.00	1080.00	1080.00	432.00	432.00	432.00
九	安全管护	元	18720.00	18720.00	18720.00	12480.00	12480.00	6240.00	6240.00	6240.00
1	森林防火防虫	元	按实有面积计取							
2	工程防护	元	18720.00	18720.00	18720.00	12480.00	12480.00	6240.00	6240.00	6240.00
十	技术档案整编管理	元	7000.00	7000.00	7000.00	5000.00	5000.00	1000.00	1000.00	600.00

附　录　3　泵站工程维修养护定额基准标准

泵站工程维修养护定额基准标准见附表3.1（总计费用不包含一–10、一–11、二–4、三–3、三–4、四、八、九项目序号的内容）和3.2条所列。

附表3.1　泵站工程维修养护定额基准标准

单位：元/（座·年）

序号	项目内容	单位	一	二	三	四	五	六	七	八
	总　计	元	1110365.61	800701.82	637778.86	389890.42	232719.25	150112.62	78026.02	39319.48
一	机电设备维修养护	合计	620900.00	438200.00	349720.00	203460.00	108540.00	62380.00	25620.00	8840.00
1	主水泵维修养护	元	333720.00	222480.00	166860.00	88920.00	44460.00	21960.00	8820.00	2160.00

（续表）

序号	项目内容	单位	一	二	三	四	五	六	七	八
2	主电动机维修养护	元	166860.00	111240.00	83340.00	44460.00	22320.00	10980.00	4320.00	1080.00
3	变电设备维修养护	元	31520.00	20960.00	18400.00	15360.00	7680.00	5920.00	3040.00	1280.00
4	输电系统维修养护	元	15840.00	10560.00	9120.00	7680.00	5440.00	3840.00	1440.00	640.00
5	高压开关设备维修养护	元	19200.00	19200.00	19200.00	15360.00	13120.00	6400.00	2560.00	640.00
6	低压电器设备维修养护	元	19200.00	19200.00	19200.00	15360.00	7040.00	6080.00	2400.00	1440.00
7	励磁和直流装置维修养护	元	15360.00	15360.00	15360.00	5600.00	2880.00	2400.00	960.00	480.00
8	保护和自动装置维修养护	元	15360.00	15360.00	15360.00	8320.00	4160.00	3680.00	1440.00	800.00
9	避雷设施维修养护	元	3840.00	3840.00	2880.00	2400.00	1440.00	1120.00	640.00	320.00
10	自备发电机组维修养护	元	按实有功率计取							

（续表）

序号	项目内容	单位	一	二	三	四	五	六	七	八
11	配件更换及工器具消耗	元	高压开关及低压电器设备按相应其固定资产的2%计算，其他机电设备按其固定资产的1.5%计算							
二	**辅助设备维修养护**	合计	208800.00	144960.00	108320.00	62400.00	32160.00	27520.00	11840.00	6560.00
1	油、气、水系统维修养护	元	191520.00	127680.00	92960.00	51200.00	25600.00	21760.00	8800.00	4640.00
2	起重设备维修养护	元	7680.00	7680.00	5760.00	4480.00	3200.00	2880.00	1120.00	640.00
3	金属结构维修养护	元	9600.00	9600.00	9600.00	6720.00	3360.00	2880.00	1920.00	1280.00
4	配件更换及工器具消耗	元	按辅助设备资产的1%计算							
三	**泵站建筑物维修养护**	合计	131445.06	94256.52	74397.13	46743.27	29648.45	15275.10	8985.25	5239.07
1	泵房维修养护	元	102973.00	68602.00	52746.50	32284.80	18452.40	7934.65	3201.86	790.31
1.1	泵房混凝土结构表面处理	元	69093.00	46062.00	34546.50	18424.80	9212.40	3454.65	1381.86	230.31

（续表）

序号	项目内容	单位	一	二	三	四	五	六	七	八
1.2	泵房维护	元	33880.00	22540.00	18200.00	13860.00	9240.00	4480.00	1820.00	560.00
2	进、出水池（渠）维修养护	元	28472.06	25654.52	21650.63	14458.47	11196.05	7340.45	5783.39	4448.76
3	进、出水池（渠）清淤	元	按实际发生的工程量计取							
4	进、出水闸工程维修养护	元	参照水闸工程维修养护定额标准执行,以实有数量计取							
四	自动控制、监视、监测系统维修养护									
1	计算机自动控制系统维修养护	元	按自动控制设施资产的10%计算							
2	视频监视系统维修养护	元	按视频监视设施资产的12%计算							
3	安全监测系统维修养护	元	按安全监测设施资产的10%计算							

（续表）

序号	项目内容	单位	一	二	三	四	五	六	七	八
五	**附属设施及管理区维修养护**	合计	88756.80	69902.80	61036.80	48213.44	35827.44	23467.40	17879.40	8818.04
1	房屋维修养护	元	49560.00	42420.00	37660.00	30100.00	24780.00	16520.00	14140.00	6580.00
2	管理区维护	元	22400.00	15200.00	12600.00	9100.00	4700.00	3600.00	1600.00	1100.00
3	围墙护栏维修养护	元	8540.00	5740.00	5040.00	4480.00	2940.00	1120.00	420.00	280.00
4	标识、标牌维修养护	元	206.80	206.80	206.80	165.44	165.44	103.40	103.40	62.04
5	材料及工器具消耗	元	8050.00	6336.00	5530.00	4368.00	3242.00	2124.00	1616.00	796.00
六	**水面杂物及水生生物清理**	元	18000.00	18000.00	12000.00	7200.00	7200.00	4800.00	4800.00	2400.00
七	**物料动力消耗**	合计	21243.75	14162.50	11084.93	7893.71	5363.36	3190.12	1661.37	722.37
1	电力消耗	元	15140.40	10093.60	8233.28	5666.03	4249.52	2655.84	1448.64	663.96
2	柴油消耗	元	3025.35	2016.90	1456.65	1075.68	537.84	213.94	85.53	22.41
3	机油消耗	元	1620.00	1080.00	720.00	576.00	288.00	171.84	68.70	18.00
4	黄油消耗	元	1458.00	972.00	675.00	576.00	288.00	148.50	58.50	18.00

（续表）

序号	项目内容	单位	一	二	三	四	五	六	七	八
八	小型水损修复	元	按上一年度水损除险加固费1.05倍计取							
九	泵站建筑物及设备等级评定	元	按实际发生的费用计取							
十	安全管护	元	18720.00	18720.00	18720.00	12480.00	12480.00	12480.00	6240.00	6240.00
十一	技术档案整编管理	元	2500.00	2500.00	2500.00	1500.00	1500.00	1000.00	1000.00	500.00

3.2 移动式泵站按实有功率累计计算，150元/kW。

附 录 4 河道堤防工程维修养护定额基准标准

河道堤防工程维修养护定额基准标准见附表4.1（总计费用不包含一–1、一–4、三、四、五、六–2、七、八、九–4、十一、十二、十三–2、十五、十七项目序号的内容）。

附表4.1 河道堤防工程维修养护定额基准标准

单位：元/（km·年）

序号	项目名称	单位	一	二	三	四	五	六	七	八
	总　计	元	74485.18	68402.35	57017.77	48348.54	37017.40	32271.54	24735.04	20614.29
一	堤顶及防汛道路维修养护	合计	20802.60	20802.60	16299.60	16299.60	11796.60	11796.60	8149.80	8149.80

（续表）

序号	项目名称	单位	一	二	三	四	五	六	七	八
1	堤顶土方维修养护	元	—	—	—	—	—	—	—	—
2	堤肩土方养护修整	元	2790.60	2790.60	2790.60	2790.60	2790.60	2790.60	1395.30	1395.30
3	堤顶防汛道路维修养护	元	18012.00	18012.00	13509.00	13509.00	9006.00	9006.00	6754.50	6754.50
4	堤上交通道口维修养护	元	按实有工程量计取							
二	**堤坡维修养护**	合计	46537.74	40454.91	34069.33	25400.10	20267.96	15522.10	12911.12	8790.37
1	堤坡及戗台土方养护修整	元	4980.99	4337.76	3606.39	2559.21	2073.88	1632.50	1352.51	939.27
2	上、下堤道路土方养护修整	元	135.08	118.22	76.08	63.44	33.71	25.28	18.96	12.64
3	上、下堤道路面维修养护	元	433.19	379.15	243.61	203.09	108.52	81.05	60.79	40.53

序号	项目名称	单位	一	二	三	四	五	六	七	八
4	护坡维修养护	元	40988.49	35619.78	30143.25	22574.36	18051.84	13783.26	11478.85	7797.93
4.1	硬护坡维修养护	元	13858.03	11992.76	10500.32	8635.05	6756.20	4890.93	4111.93	2682.02
4.1.1	硬护坡维修养护	元	13058.03	11192.76	9700.32	7835.05	6156.20	4290.93	3811.93	2382.02
4.1.2	硬护坡杂草清除	元	800.00	800.00	800.00	800.00	600.00	600.00	300.00	300.00
4.2	草皮护坡养护	元	24988.58	21761.74	18092.18	12838.85	10403.90	8190.30	6785.31	4712.02
4.3	草皮护坡补植	元	2141.88	1865.28	1550.76	1100.46	891.75	702.03	581.61	403.89
三	堤身内部维修养护	元	按实际发生的费用计取							
四	防浪（洪）墙维修养护		按实有工程量计取							
1	墙体维修养护	元	8158.75	8158.75	6853.35	6853.35	5711.13	5711.13	4895.25	4895.25
2	伸缩缝维修养护	元	481.68	481.68	481.68	481.68	481.68	481.68	481.68	481.68

（续表）

序号	项目名称	单位	一	二	三	四	五	六	七	八
五	**减压及排渗（水）工程维修养护**		按实有工程量计取							
1	减压及排渗工程维修养护	元	560.00	560.00	560.00	560.00	560.00	560.00	560.00	560.00
2	排水沟维修养护	元	840.00	840.00	840.00	560.00	560.00	280.00	280.00	280.00
六	**护堤地维修养护**									
1	护堤地养护修整	元	500.00	500.00	400.00	400.00	300.00	300.00	200.00	200.00
2	护堤地林木养护	元	按实有工程量计取							
2.1	防浪林养护	元	按实有工程量计取							
2.2	护堤林养护	元	按实有工程量计取							
七	**穿堤涵（闸）工程维修养护**		参照水闸工程维修养护定额标准执行,以实有数量计取							

序号	项目名称	单位	一	二	三	四	五	六	七	八
八	**河道工程维修养护**		按实有工程量计取							
1	河岸防护工程维修养护	元	6720.00	6720.00	6720.00	6720.00	4900.00	4900.00	2240.00	2240.00
1.1	抛石护岸整修	元	2800.00	2800.00	2800.00	2800.00	2100.00	2100.00	1400.00	1400.00
1.2	护坎工程维修养护	元	3920.00	3920.00	3920.00	3920.00	2800.00	2800.00	840.00	840.00
2	河道、河床监测									
2.1	近岸河床冲淤变化观测	元	按实际发生的费用计取							
2.2	崩岸预警监测	元	按实际发生的费用计取							
2.3	护岸工程监测	元	按实际发生的费用计取							

（续表）

序号	项目名称	单位	一	二	三	四	五	六	七	八
九	**附属设施及管理区维修养护**	合计	1500.84	1500.84	1500.84	1500.84	1500.84	1500.84	1418.12	1418.12
1	房屋维修养护	元	1120.00	1120.00	1120.00	1120.00	1120.00	1120.00	1120.00	1120.00
2	标识牌、碑桩、拦车墩维修养护	元	268.84	268.84	268.84	268.84	268.84	268.84	186.12	186.12
3	材料及工器具消耗	元	112.00	112.00	112.00	112.00	112.00	112.00	112.00	112.00
4	监视、监控及通信系统维修养护	元	按监视、监控及通信系统设施资产的10%计取							
十	**防汛抢险物资维护**	元	200.00	200.00	200.00	200.00	200.00	200.00	100.00	100.00

115

序号	项目名称	单位	一	二	三	四	五	六	七	八
十一	小型水损修复	元	按上一年度水损除险加固费1.05倍计取							
十二	堤身隐患探测	元	按实际发生的费用计取							
十三	白蚁防治	元	1584.00	1584.00	1188.00	1188.00	792.00	792.00	396.00	396.00
1	白蚁预防	元	1440.00	1440.00	1080.00	1080.00	720.00	720.00	360.00	360.00
2	白蚁治理	元	按实际发生费用计							
3	材料及工器具消耗	元	144.00	144.00	108.00	108.00	72.00	72.00	36.00	36.00
十四	河道堤防沿线环境维护	元	2400.00	2400.00	2400.00	2400.00	1200.00	1200.00	600.00	600.00
十五	水文及水情测报设施维修养护	元	按水文及水情测报设施固定资产的15%计取							
十六	安全管护	元	960.00	960.00	960.00	960.00	960.00	960.00	960.00	960.00
十七	技术档案整编	元	—	—	—	—	—	—	—	—

附　录　5　灌区工程维修养护定额基准标准

灌区工程维修养护定额基准标准见附表5.1所列。

附表5.1　灌区工程维修养护定额基准标准

序号	项目内容	单位	一	二	三	四	五	六	七	八
一	**灌排渠沟工程维修养护**	合计	45028.16	45028.16	31570.85	31170.85	24739.02	24739.02	19332.71	19332.71
1	渠（沟）顶维修养护	元	12384.30	12384.30	12384.30	12384.30	9817.80	9817.80	7475.40	7475.40
1.1	渠（沟）肩土方维修养护	元	4185.90	4185.90	4185.90	4185.90	2790.60	2790.60	2790.60	2790.60
1.2	渠（沟）顶道路维修养护	元	8198.40	8198.40	8198.40	8198.40	7027.20	7027.20	4684.80	4684.80
2	渠（沟）边坡维修养护	元	29043.86	29043.86	17586.55	17586.55	14521.22	14521.22	11657.31	11657.31
2.1	渠（沟）边坡土方维修养护	元	1470.88	1470.88	882.53	882.53	735.32	735.32	588.35	588.35
2.2	渠（沟）护坡或衬砌工程维修养护	元	27572.98	27572.98	16704.02	16704.02	13785.90	13785.90	11068.96	11068.96
2.2.1	硬护坡或防渗衬砌工程维修养护	元	16283.65	16283.65	9930.42	9930.42	8141.23	8141.23	6553.22	6553.22

（续表）

序号	项目内容	单位	一	二	三	四	五	六	七	八
2.2.1.1	硬护坡或防渗衬砌工程维修养护	元	15883.65	15883.65	9530.42	9530.42	7941.23	7941.23	6353.22	6353.22
2.2.1.2	表面杂草清理	元	400.00	400.00	400.00	400.00	200.00	200.00	200.00	200.00
2.2.2	生态护坡维修养护	元	11289.33	11289.33	6773.60	6773.60	5644.67	5644.67	4515.74	4515.74
3	导渗及排渗工程维修养护	m³	按实有工程量计取							
4	护渠林（地）维修养护	元	按实有工程量计取							
5	渠沟清淤	m³	按实际发生的工程量计取							
6	水生生物清理	元	3600.00	3600.00	1600.00	1200.00	400.00	400.00	200.00	200.00
二	灌排建筑物维修养护									
1	渡槽工程维修养护	元	—	38305.49	23931.57	17243.79	14231.29	10186.24	6978.47	4752.60
1.1	进出口段及槽台维修养护	元	—	12045.00	4818.00	2409.00	1204.50	1003.75	803.00	602.25

（续表）

序号	项目内容	单位	一	二	三	四	五	六	七	八
1.2	结构表面裂缝、破损、侵蚀处理	元	—	22800.69	16055.17	12579.19	11172.59	7890.25	5043.79	3098.95
1.3	伸缩缝维修养护	元	—	2809.80	2408.40	1605.60	1204.20	642.24	481.68	401.40
1.4	护栏维修养护	元	—	650.00	650.00	650.00	650.00	650.00	650.00	650.00
2	倒虹吸工程维修养护	元	—	12697.94	10289.04	4268.90	2741.22	1895.99	1532.50	1171.49
2.1	进出口段维修养护	元	—	6022.50	4015.00	2007.50	1405.25	1084.05	1003.75	803.00
2.2	结构表面裂缝、破损、侵蚀处理	元	—	426.50	426.50	255.90	213.25	170.60	127.95	127.95
2.3	伸缩缝维修养护	元	—	2809.80	2408.40	1605.60	802.80	401.40	240.84	160.56
2.4	拦污栅维修养护	元	—	3439.14	3439.14	399.90	319.92	239.94	159.96	79.98
2.5	倒虹吸清淤	m³	按实际发生的工程量计取							
3	地下涵工程维修养护	元	—	7971.94	7843.99	4265.90	3297.72	2693.01	2329.50	2168.91
3.1	进出口段维修养护	元	—	4015.00	4015.00	2007.50	1606.00	1204.50	1043.90	923.45

（续表）

序号	项目内容	单位	一	二	三	四	五	六	七	八
3.2	结构表面裂缝、破损、侵蚀处理	元	—	511.80	383.85	255.90	170.60	127.95	85.30	85.30
3.3	伸缩缝维修养护	元	—	1605.60	1605.60	802.80	401.40	240.84	160.56	120.42
3.4	拦污栅维修养护	元	—	1839.54	1839.54	1199.70	1119.72	1119.72	1039.74	1039.74
3.5	地下涵清淤	m³	按实际发生的工程量计取							
4	滚水坝工程维修养护	元	9368.24	7450.49	5590.42	3855.84	1757.60	992.94	—	—
4.1	结构表面裂缝、破损、侵蚀处理	元	7741.80	6132.72	4584.36	3096.72	1290.30	652.74	—	—
4.2	伸缩缝维修养护	元	200.70	200.70	160.56	160.56	120.42	120.42	—	—
4.3	消能防冲设施维修养护	元	1234.68	926.01	711.75	464.82	308.67	181.57	—	—
4.4	反滤及排水设施维修养护	元	191.06	191.06	133.74	133.74	38.21	38.21	—	—
5	橡胶坝工程	元	13849.09	11777.06	9705.02	7632.99	—	—	—	—
5.1	橡胶袋维修养护	元	873.54	655.16	436.77	218.39	—	—	—	—

（续表）

序号	项目内容	单位	一	二	三	四	五	六	七	八
5.2	底板、护坡及岸、翼墙维修养护	元	12975.55	11121.90	9268.25	7414.60	—	—	—	—
5.3	金结、机电及控制设备维修养护	维修率	按金结、机电及控制设备固定资产的10%计算							
6	生产、交通桥（涵）维修养护	元	1764.62	1745.90	941.22	894.55	675.16	640.64	505.27	503.40
6.1	桥面道路维修养护	元	1534.32	1534.32	818.30	784.21	596.68	566.85	447.51	447.51
6.2	连接段及桥台维修养护	元	144.54	144.54	77.09	73.88	56.21	53.40	42.16	42.16
6.3	护栏维修养护	元	85.76	67.04	45.83	36.47	22.27	20.40	15.60	13.73
7	跌水陡坡维修养护	元	按实有工程量计取							
8	量水设施维修养护	元	1200.00	1000.00	800.00	800.00	600.00	600.00	400.00	400.00
8.1	量水标准断面维修养护	元	1200.00	1000.00	800.00	800.00	600.00	600.00	400.00	400.00
8.2	量水设备维修养护	维修率	按量水设施资产的4%计算							

（续表）

序号	项目内容	单位	一	二	三	四	五	六	七	八
9	其他设施维修养护	维修率	按其设施资产的2%计算							
三	**田间工程维修养护**	元	360.00	360.00	360.00	360.00	360.00	360.00	360.00	360.00
四	**附属工程及管理区维修养护**	合计	1506.12	1506.12	1485.44	1485.44	1354.76	1334.08	1313.40	1313.40
1	房屋维修养护	元	700.00	700.00	700.00	700.00	700.00	700.00	700.00	700.00
2	管理区维护	元	300.00	300.00	300.00	300.00	300.00	300.00	300.00	300.00
3	标识牌、碑桩维修养护	元	186.12	186.12	165.44	165.44	144.76	124.08	103.40	103.40
4	防汛抢险物料维护	元	200.00	200.00	200.00	200.00	100.00	100.00	100.00	100.00
5	材料及工器具消耗	元	120.00	120.00	120.00	120.00	110.00	110.00	110.00	110.00
6	监视、监控及通信系统维修养护	维修率	按监视、监控及通信系统固定资产的10%计算							
五	**渠沟及建筑物观测、监测维修养护**	元	按观测、监测设施设备固定资产的10%计算							

（续表）

序号	项目内容	单位	一	二	三	四	五	六	七	八
六	渠沟沿线环境治理	元	1200.00	1200.00	1200.00	1200.00	1200.00	1200.00	1200.00	1200.00
七	小型水损修复	元	按上一年度水损除险加固费1.05倍计取							
八	白蚁防治	合计	1584.00	1584.00	1188.00	1188.00	792.00	792.00	396.00	396.00
1	白蚁预防	元/公里	1440.00	1440.00	1080.00	1080.00	720.00	720.00	360.00	360.00
2	白蚁治理	元	按实际发生的费用计取							
3	材料及工器具消耗	元	144.00	144.00	108.00	108.00	72.00	72.00	36.00	36.00
九	安全管护	元	960.00	960.00	960.00	960.00	960.00	960.00	960.00	960.00
十	技术档案整编	元	—	—	—	—	—	—	—	—